"十三五"职业教育部委级规划教材

毛织服装概论

刘莎妮娅　主编

林　岚　王娅兰　副主编

中国纺织出版社

内 容 提 要

本书所讲述的关于毛织服装方面的内容，涵盖了其产生、发展及其材料、构成、设计、技术、工艺、设备、人才等诸多方面最基本的常识。这些常识都是毛织行业从业人员必备的，因此，也是毛织专业学习必须了解的基础知识。

本书共九章内容，分别对毛织服装的概念、产生与发展、特点、构成、种类、设计、市场与流行、工艺、服装标准、企业要求等内容进行讲解。通过对这些知识的学习，使初期接触毛织服装并将继续深入了解毛织专业知识的人员，能够对毛织服装有一个全面的把握。

本书可供各类纺织院校的师生参考学习，也可供相关企业工作人员阅读。

图书在版编目（CIP）数据

毛织服装概论 / 刘莎妮娅主编 . –– 北京：中国纺织出版社，2020.2

ISBN 978-7-5180-5864-8

Ⅰ . ①毛… Ⅱ . ①刘… Ⅲ . ①毛织物—服装—概论 Ⅳ . ① TS941.773

中国版本图书馆 CIP 数据核字（2019）第 004890 号

策划编辑：宗 静　　责任编辑：宗 静 李淑敏
责任校对：寇晨晨　　责任印制：何 建

中国纺织出版社出版发行
地址：北京市朝阳区百子湾东里A407号楼　邮政编码：100124
销售电话：010—67004422　传真：010—87155801
http://www.c-textilep.com
中国纺织出版社天猫旗舰店
官方微博 http://weibo.com/2119887771
三河市宏盛印务有限公司印刷　各地新华书店经销
2020年2月第1版第1次印刷
开本：787×1092　1/16　印张：7.75
字数：167千字　定价：59.80元

凡购本书，如有缺页、倒页、脱页，由本社图书营销中心调换

"十三五"职业教育部委级规划教材毛织服装系列
编写委员会（排名不分先后）

总　　编　江学斌

副 总 编　刘　亮　邓军文

编委成员　江学斌　刘　亮　邓军文　邹铮毅　刘莎妮娅
　　　　　　　林　岚　张延辉　汪启东　王娅兰　黄娘生
　　　　　　　庄梦辉　李思慧

前言

为适应毛织产业发展和专业人才培养的需要，我们根据高等院校纺织服装类"十三五"部委级规划教材编写精神，编写全套高职高专和中职使用的毛织服装教材，教材涵盖了毛织服装专业教学的全方位内容，填补了全国毛织服装专业系列教材的空白。可有效解决高职高专开设毛织服装专业遭遇无教材困境的问题。

本系列教材分别是《毛织服装概论》《毛织服装设计入门与拓展》《毛织服装编织工艺实务》《毛织服装花型设计程序编制实务》《毛织服装缝制与后整工艺实操》《毛织服装跟单任务实操》等六本教材。

本系列毛织服装教材是以工作任务为导向、以完成工作任务式课程教学为目标的技术性实操专业教材；具有创新性、实用性和实践性等特点；更加贴近生产，以满足现代学徒制教学需要，实现职业教育大国工匠精神的育人理念。

本系列毛织服装教材由六本书组成，江学斌任总编，刘亮、邓军文任副总编。本书主编为刘莎妮娅，副主编为林岚、王娅兰。

在本书编写过程中，参阅了国内外毛织服装方面的文献资料，同时得到了同行专业人士的热心支持，在此一并诚致谢意。

由于编者水平有限，书中难免有所错漏和不足，诚恳接受广大读者批评指正。

编者
2019年10月

教学内容及课时安排

章/课时	课程性质/课时	节	课程内容
第一章 （1课时）	基础理论 （2课时）		绪论
		一	毛织服装概论
		二	学习毛织服装概论的方法
第二章 （1课时）			毛织服装及毛织机械的产生与发展
		一	毛织服装的产生和发展
		二	毛织机械的产生和发展
第三章 （6课时）	基础理论与应用训练 （6课时）		毛织服装构成
		一	毛织服装款式和结构
		二	毛织服装材料
		三	毛织服装织片与花型
		四	毛织服装图案
		五	毛织服装色彩
		六	毛织服装装饰
第四章 （1课时）	基础理论 （1课时）		毛织服装分类
		一	按着装对象分类
		二	按季节分类
		三	其他分类
第五章 （5课时）	基础理论与应用训练 （5课时）		毛织服装设计
		一	毛织服装设计的条件与流程
		二	毛织服装设计的形式美要素
		三	毛织服装设计的形式美法则
		四	毛织服装设计风格
		五	毛织面料与其他面料组合设计
第六章 （1课时）	基础理论 （6课时）		毛织服装市场与流行
		一	毛织服装市场分析
		二	毛织服装流行
第七章 （3课时）			毛织服装工艺
		一	毛织服装工艺参数
		二	毛织服装画花工艺
		三	毛织服装前整工艺

章/课时	课程性质/课时	节	课程内容
第七章（3课时）	基础理论（6课时）	四	毛织服装后整工艺
第八章（1课时）			服装标准在毛织服装中的应用
		一	服装标准
		二	《服装号型系列》国家标准在毛织服装中的应用
第九章（1课时）			毛织服装企业对相关技术岗位人员的要求
		一	对设计师的要求
		二	对工艺师的要求
		三	对电脑横机画花师的要求
		四	对电脑横机操作岗位的要求
		五	对毛织跟单员的要求

注 各院校可根据自身的教学特色和教学计划对课程时数进行调整

目录

第一章　绪论 ···002

第一节　毛织服装概论 ··002

第二节　学习毛织服装概论的方法 ··003

第二章　毛织服装及毛织机械的产生与发展 ····························006

第一节　毛织服装的产生和发展 ··006

第二节　毛织机械的产生和发展 ··008

思考与练习 ··012

第三章　毛织服装构成 ··014

第一节　毛织服装款式和结构 ··014

第二节　毛织服装材料 ··018

第三节　毛织服装织片与花型 ··020

第四节　毛织服装图案 ··029

第五节　毛织服装色彩 ··034

第六节　毛织服装装饰 ··040

思考与练习 ··042

第四章　毛织服装分类 ··044

第一节　按着装对象分类 ··044

第二节　按季节分类 ··048

第三节　其他分类 ··050

思考与练习 ··051

第五章　毛织服装设计 ··054

第一节　毛织服装设计的条件与流程 ··054

第二节　毛织服装设计的形式美要素 ··056

第三节　毛织服装设计的形式美法则 ··061

第四节　毛织服装设计风格 ··070

第五节　毛织面料与其他面料组合设计 ······································073

思考与练习 ··075

第六章 毛织服装市场与流行··········078

第一节 毛织服装市场分析 ··········078

第二节 毛织服装流行 ··········079

思考与练习 ··········081

第七章 毛织服装工艺··········084

第一节 毛织服装工艺参数 ··········084

第二节 毛织服装画花工艺 ··········085

第三节 毛织服装前整工艺 ··········089

第四节 毛织服装后整工艺 ··········091

思考与练习 ··········096

第八章 服装标准在毛织服装中的应用··········098

第一节 服装标准 ··········098

第二节 《服装号型系列》国家标准在毛织服装中的应用 ··········099

思考与练习 ··········104

第九章 毛织服装企业对相关技术岗位人员的要求··········106

第一节 对设计师的要求 ··········106

第二节 对工艺师的要求 ··········107

第三节 对电脑横机画花师的要求 ··········108

第四节 对电脑横机操作岗位的要求 ··········109

第五节 对毛织跟单员的要求 ··········110

思考与练习 ··········112

参考文献··········113

基础理论——

绪论

第一章　绪论

第一节　毛织服装概论

毛织服装的知识可按其形成的结构特征归纳为两大类。第一类是毛织服装的基础知识，包括毛织服装的基本功能、发展历史和基本构成；第二类是毛织服装的专业知识，包括材料学、设计学、成衣工艺学等方面的内容。材料学是指毛织服装材料的形状、质量、色彩知识；设计学是指毛织服装的款式设计、花型设计、色彩设计等知识；成衣工艺学是指工艺单编写、花型编织工艺、织片工艺、缝合工艺、装饰工艺、缩绒工艺、整烫工艺、包装工艺等知识。

一、毛织服装的概念

毛织服装在传统定义上称为羊毛衫、毛线衣或毛衣。它是采用线状材料，以横机织机为工具（传统的毛线衣用竹针或金属直针为工具进行手工编织）编织出来的衣服称为毛织服装（图1-1）。毛衫主要穿在内衣与外衣之间，是御寒保暖的重要装束。

随着着装时尚化的发展，毛衫逐渐向外衣化演变。由于编织横机具有从粗针到细针的变化，电脑横机编织的织物可以制成春夏季穿着的服装（图1-2），为此打破了毛织服装只具保暖功能的概念。特别是电脑横机的飞速发展，快速编织各种组织和花型，为毛织服装的多样化、时装化提供了广阔的演绎空间。

二、我国毛织服装工业生产现状

毛织服装在人们着装中已经很普遍了，其品质包括从普通毛纱编织的大众产品，到称之为"软黄金"的高档羊绒制品。因此，毛织服装在整个服装领域得到了消费者的普遍喜欢。我国目前生产毛织服装的重要基地有广东的东莞和潮汕地区、浙江的濮院、山东的海阳、江苏的常熟、福建的南安、北京、宁夏、内蒙古等地区。毛织产业较发达的基地已普遍采用电脑横机，使产品从款式到编织花型发生了极大的变化。随着消费者对毛织服装消费量的不断增加，毛织服装的品牌开发，名牌打造已成为毛织服装企业发展的主要方向和作为。

图1-1 羊毛衫

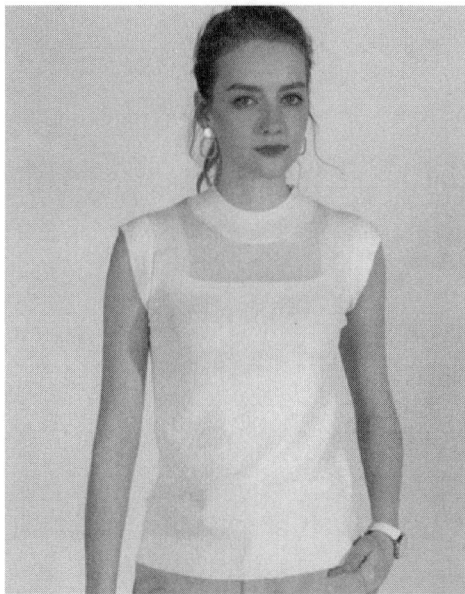

图1-2 夏季细针毛衫

第二节 学习毛织服装概论的方法

毛织服装作为一个专业学科正在各服装院校及中高等职业学校逐步开设，毛织服装概论作为该专业学科的一门基础课程，发挥着串联毛织服装各相关专业学科的纽带作用。它能帮助初学者较为全面地了解毛织服装的知识架构，指导专业学习者有一个明确的学习实践方向。

一、分析、理解理论要点

理论知识往往很抽象，不加分析和理解的记忆只会给学习者带来困难，而且会失去学习的意义。分析理论有助于提高学习能力和对专业系统知识的理解力，有助于提高学习的效率，帮助学习者取得较好的学习效果。分析、理解理论要点应联系专业实际，把一些难以理解的理论放在实践中对比学习。

二、对比机织与针织成衣的基本原理进行学习

毛织服装是服装的一种，其实更是针织服装类的一个衣种，机织服装与针织服装通常混搭混穿，丰富多样。对比两者之间的联系与区别，可以加深学习者对服装概念和意义的理解，并能广义地丰富服装领域内的知识点，有利于学习者较快地进入专业学习状态。

三、联系毛织服装的其他课程对本课程内容加以理解

毛织服装专业知识内容丰富而广泛，相互之间联系十分紧密，将相关联的知识联系起来

学习，能达到触类旁通的学习效果。作为毛织服装的专业人员还应学习社会学、文学、艺术学、历史学、心理学、营销学等知识，这些学习内容能帮助学习者进行毛织服装专业知识的研究，从而在专业领域有更大的发展。

四、应用发展观进行学习

世间万物没有一成不变的道理，大千世界千变万化，生存与灭亡并立，因而，知识也总是处于更新和发展的状态中。应用发展观思考问题学习知识可以让学习者与时代发展并行。对于学习毛织服装专业知识，可以从设计思想、表达方法、材料更新、技术发展、设备更新等方面着眼，书本知识难以与时代发展完全并肩同行，但知识的结构性与前瞻性是可以用发展的思维进行延续的，所以，只有应用发展观学习毛织服装概论，才能使书本知识成为学习者的"良师益友"。

基础理论——

毛织服装及毛织机械的产生与发展

> **课题名称：**毛织服装及机械的产生与发展
>
> **课题内容：**毛织服装的产生和发展
>
> 　　　　　毛织机械的产生和发展
>
> **课题时间：**1课时
>
> **教学目的：**了解毛织服装的产生和发展，熟悉毛织机械的产生和发展。
>
> **教学方式：**讲授法、讨论法、展示法

第二章 毛织服装及毛织机械的产生与发展

第一节 毛织服装的产生和发展

毛织服装的形成一直是利用一条或多条毛纱，采用线圈结构原理，编织成衣片或整件衣服。究其发展历史应追溯到人类结绳记事的起源。《辞海》中说结绳记事是用绳子打结以记事，在文字产生前的一种记事方法，相传大事系大结，小事系小结。人类进行结绳记事，首先是想到要记事，还是首先有了绳子才想到用绳子作为记事的工具，这个就难以考究了，但有一点值得肯定，就是绳子的出现为结绳记事提供了物质条件。据我国考古发现，山西朔县峙峪古文化遗址中，出土了距今约两万八千年的石箭头，说明这个时候就已经有了韧性很强足以拉弓射箭的绳子。据结绳记事的史料显示，结绳记事也是象形文字的起源之一，因而不只是大事系大结，小事系小结那么简单，而是结成有模有样的图形，这也许就是编、结、织、系最初概念的形成。

考古资料显示，中东两河流域是针织品的发源地，美索不达米亚平原是优质羊毛材料的来源地，至今保留着最为完整的针织品，如埃及古墓中出土的公元5世纪的袜子，该袜子的分趾套设计适合古埃及人搭配夹趾拖鞋穿着（图2-1）。到中世纪，针织品已成为欧洲重要的纺织品，长筒袜和短袜已成为男、女使用的时尚品，这些针织品都是采用木制纤子、骨针为工具进行手工编织而成的，到了13世纪，在意大利逐渐形成了比较完整的针织编织针法。

图2-1 埃及古墓出土的针织袜

在西班牙托莱多一座坟墓中发现了一双15世纪中期的长筒袜（图2-2），在袜口上发现了翻针技术，这个新技术的出现改变了针织品边缘卷曲的外观。1566年，瑞典国王埃里克（King Eric），在他的服装服饰中，有从西班牙进口的27双真丝袜子，每双的都是每英寸25针32行，纯手工编织，一双袜子的价格相当于他的贴身男仆的年薪。15世纪已经出现镀金纱线编织的针织夹克（图2-3），但编织品扩展到全世界是17世纪，此时正是世界贸易交往频繁的时期，水手们在长途航行中用编织打发时间同时将编织传播到了世界各地。在17世纪至18世纪的苏格兰群岛上，编织成为许多人的工作，成为他们收入的重要来源。

到19世纪相当一段时期里，针织毛衣的加工生产主要是以家庭小作坊为主的经营方式，妇女们编织保暖有弹性的毛衣作为内衣。到20世纪40年代，

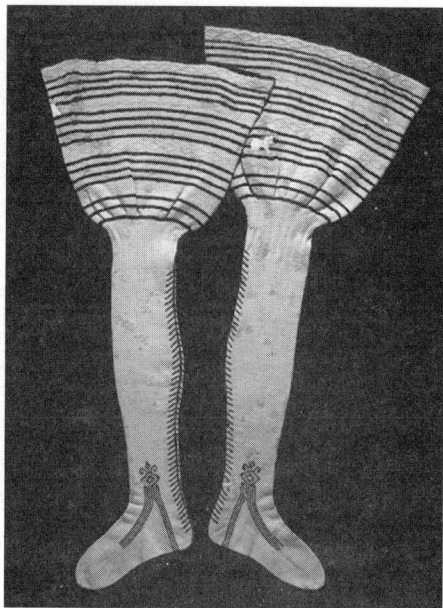

图2-2　15世纪的长筒袜

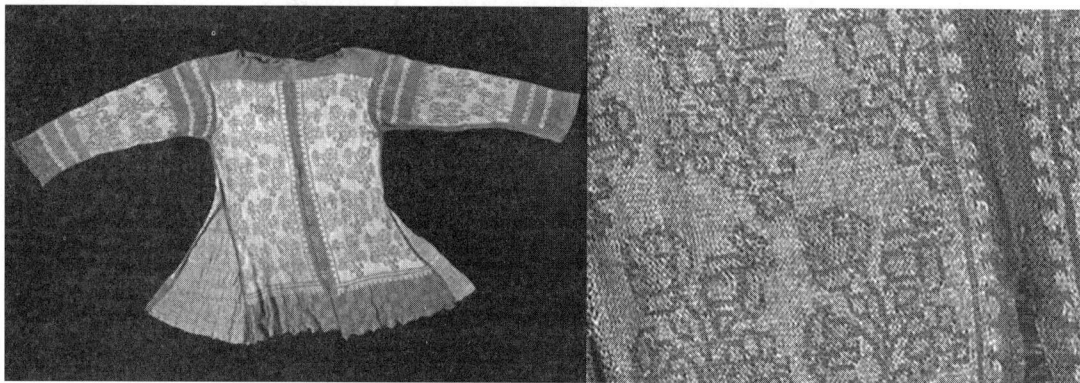

图2-3　金纱线编织的针织夹克

开始有了毛衣由内衣向外衣发展，但仍以手工编织为主，以扭绳组织、提花组织和罗纹组织编织的毛衣成为时髦（图2-4），当时已经涌现了一批优秀的设计师。20世纪50年代手工编织毛衣已趋于过时，而机织毛衣因其丰富的花型变化而广受欢迎，最为典型的是一直钟爱针织面料的设计师CoCo Chanel在1954年设计了一款针织连衣裙，并由超模Suzy Parker穿着登上时尚杂志（图2-5），受到当时社会大众的追捧，针织服装已然成为香奈儿品牌的代表性作品。在20世纪80年代，机器编织的毛衫与手工编织毛衫相比便宜得多，以至于人们对手工编织的兴趣和普及程度开始下降。

21世纪后，随着电脑编织机器的不断发展创新，毛织服装的款式变化日新月异，各大时装品牌每季产品几乎都有毛织服装的身影，人们越发喜欢这种舒适、柔软且多变的服装。

图2-4　20世纪40年代的扭绳组织毛衣　　　图2-5　香奈儿的针织连衣裙

第二节　毛织机械的产生和发展

　　毛织服装机械与机织服装机械各自的作用。机织服装是以面料为载体，进行衣片裁剪后用缝纫机缝制而成。毛织服装是以毛纱、线为载体，由横机编织衣片后用缝盘机缝制而成。因而，毛织服装机械承担了面料制作的任务，也就是这一任务使毛织服装机械具备了自身特有的价值特征，并成为区别机织服装的重要属性。

　　毛织服装的机器主要由前后两个针床和一个可左右移动的机头组成，从最初的手摇横编机，到用电传送的半自动横编机，再到电脑编程系统的全自动横编机。毛织机械的发展极大地促进了毛织服装的变化创新，下面介绍一下毛织机械的产生及发展。

一、手摇横编机、半自动横编织机、提花机

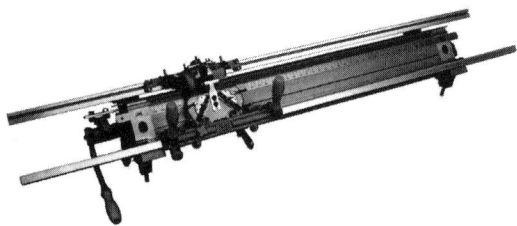

图2-6　手摇横编机

　　1862年，美国传教士Rev Isaac Wixom Lamb发明了第一台手摇横编机，并在1865年取得了专利。手摇横编机在编织过程中全部由人工完成，手摇横编机（图2-6）的产品在编织过程中可以根据设计的需要经过人工搬针❶动作编织出结构多样的组织，形成丰富花样，但如果设计太复杂的组织

----

❶　搬针：指毛织服装织片的编织方式，是移动横机前后"针床"，使织针之间的位置相对移动，"线圈"倾斜，在双面地组织上形成波纹状的外观效应，这种编织方式编织出来的组织叫搬针组织（又称扳花组织、波纹组织）。

用手摇横机编织则会耗时太多，不符合工业生产的原则。因而，使用手摇横机进行生产的产品只能是组织简单的平针组织、罗纹组织等产品。

为了减少人力，在手摇织机上安装电动机以实现电动传送，于是出现了半自动横编织机（图2-7），使织机能按一定的简单程式进行左右移动机头，提高了工作效率。一般半自动横编织机只能在编织过程中实现加针动作，能完成简单的罗纹组织和单边组织的织片编织。这些简单组织的产品为了实现款式变化并能丰富其外观，往往在成衣后通过人工钉珠片、印花、染色等工艺来达到。

普通的手摇织机编织的花型❶过于单一，提花机在一定程度上能弥补了这一不足。提花机（图2-8）是手摇横编机的一种，它具有不同的功能，是专门用以编织提花的横机。提花机在编织过程中，首先要对所编织织片上的提花图样通过对针眼打孔，然后由人工手动调拨前后针床的织针与孔眼，使两者相对工作编织成提花图案。提花机的出现为毛织服装的图案编织起到了飞越性提升，大大丰富了毛织服装的花色品种。横编花机在编织提花毛织物的过程中存在着不足，就是在织物的表面未参与提花编织的纱线，会在织片的背面因无所依靠而形成浮线，这样既不美观，又容易挂损。

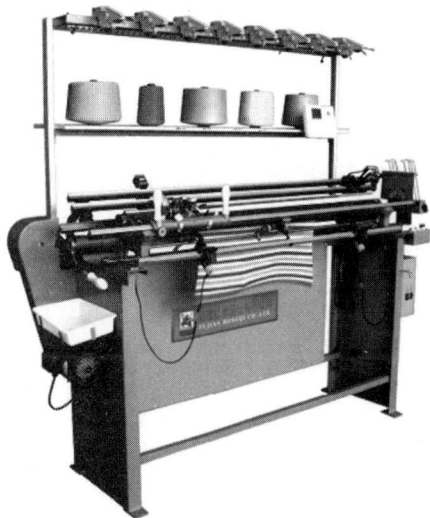

图2-7 半自动横编织机

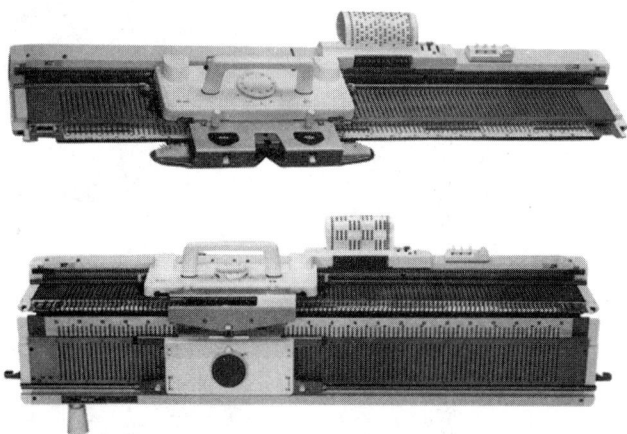

图2-8 提花机

---

❶ 花型：指织针编织方式的改变而形成不同的花色类型。花型又称花样、组织结构。花型构成肌理图案效果时又称毛织肌理图案或简称图案。

二、电脑横机

20世纪60年代初，Kenneth MacQueen致力于研究电脑控制编织机的技术，试图开发一台革命性的、装有复合针的电脑控制V型横编织机。其构想是运用巴斯克贝雷帽的楔形部位编织技术在横侧休止线圈、局部编织及用废纱分隔各个部分。使用一个横向移动可变速的机头，通过电磁升起三角铁带动针踵，磁带控制编织程序，集中式电脑控制六台编织机。不过由于当时的电子原件（电子管）不可靠且价格昂贵而没能成功。1970年PROTTI注册了电子选针控制系统专利，并于1971年展出了世界上第一台电脑横编织机PDE。紧接着，德国Stoll公司于1975年制造出电脑横编织机ANV，日本岛精公司于1978年制造出电脑横编织机SNC，到了20世纪80年代后期，Stoll公司和岛精公司分别推出以CMS和SES命名的系列电脑横编织机，中国在此时引入国外技术制造出电脑横编织机的样机。到了1995年，日本岛精公司在第十二届ITMA MILAN国际纺织机械展推出了全成型电脑横编织机SWG系列。2005年后，我国江浙地区出现了大批运用台湾技术的电脑横编织机制造工厂，我国毛织行业在2010年后基本淘汰手摇横编织机及半自动横编织机，全面使用电脑横编织机。

电脑横机又称电子横编织机或数控横机。20世纪末，世界发达国家进入电子时代，毛织机的电子化是以全电子程序控制模式代替其他横编机械的操作模式，针床数也由双针床发展到4针床、6针床。尤其以德国斯托尔横机、日本岛精横机等成为世界横机的领跑者，并以技术上的成熟和稳定雄踞横机界而占据主导地位。

电脑横机分为单系统（图2-9）、双系统（图2-10）和多系统，具有两个运作系统的叫双系统，具有两个运作系统以上的称多系统。

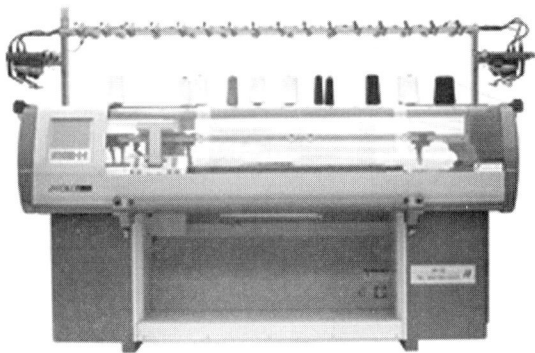

图2-9 单系统电脑横机

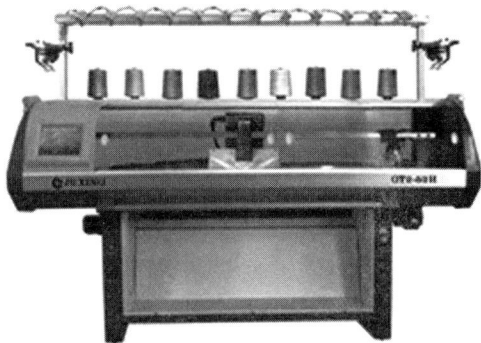

图2-10 双系统电脑横机

单系统是指一个机头运转一次只能编织一行，与手摇织机编织情况一样，而双系统是一个机头，每次可编织两行，即双系统横机在工作和效率上是单系统的两倍。目前开发的双机头双系统即有四个编织系统，两个机头同时编织，可一次编织四行。

电子横编织机是通过电脑进行花型及织片成型的程序设计，再输入到电子横编织机操作系统，由程序数据指引而进行编织的机器。随着电脑横机技术的深入开发，功能更加多元化，目前能编织出设计师设计出来的任何花型，并具有多针距、织可穿编织功能。

多针距编织功能，是在电脑上设计好不同粗细针种的组织编织程序，然后通过电脑横机在一块织片中编织出具有不同粗细针效果的组织。

全成型编织，是通过无缝横机编织出无须缝合的完整的毛织服装和毛衫，如日本岛精品牌的MACH2XS型号（图2-11）编织机械共有四个针床，配备SlideNeedle全成型织针，通过自主研发的SDS ONE APEX3三维设计系统，可进行无难度、无障碍的整体编织，真正实现电脑一步编织成衣的过程（图2-12）。

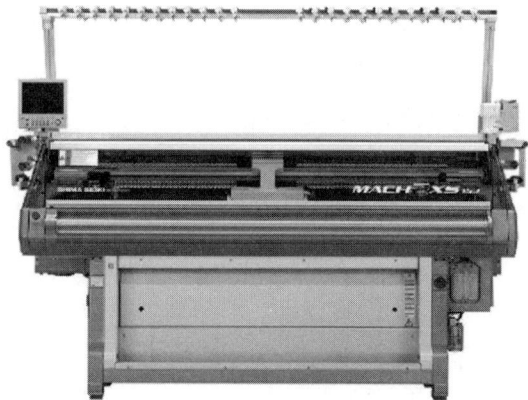

图2-11　岛精MACH2XS

图2-12　织可穿毛衣

三、其他机械

伴随手摇横编织机和电脑横编织机的产生发展，一些服务于这两者的机器也应运而生，主要包括络纱机和缝盘机。

络纱机（图2-13）是对用于编织的毛纱进行整理。一方面，去除附着在毛纱上的灰尘和杂质，络纱时纱线经过机上装的蜡头，使毛纱过蜡而光洁滑爽，以减少在编织过程中出现断纱和织纹不顺等现象；另一方面，将毛纱根据编织所需要的纱支数用毛筒进行分配。络纱机有双头络纱机和多头络纱机，可根据编织任务选取。

缝盘机又称套口机（图2-14），是将编织出来的织片进行缝合成衣的机械，专门用于毛

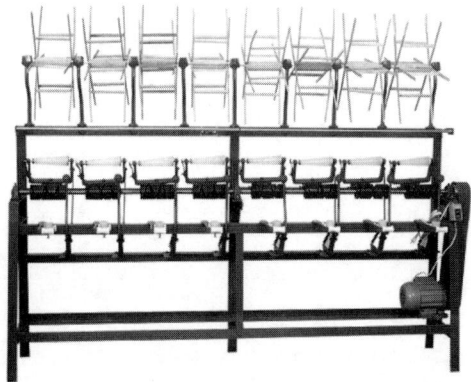

图2-13　络纱机

图2-14　缝盘机

织服装织片的缝合工艺。对应的缝盘机针型有6针盘织针，可缝1.5G❶、3.5G的织片，8针盘机可缝5G织片，10针盘机可缝7G织片，12针盘机可缝9G织片，14针盘机可缝9G、12G织片，16针盘机可缝12G、14G织片，18针盘机可缝14G、16G织片。

思考与练习

1. 什么是织可穿？
2. 多针距编织有何特点？

---

❶ 横机的针号（Gauge）简称G，表示针床上每英寸内的植针枚数，如粗针距（Goarse Gauge）有3.5G、5G、7G和9G，细针距（Fine Gauge）有12G、14G、16G和18G。

毛织服装构成

> **课题名称：** 毛织服装构成
>
> **课题内容：** 毛织服装款式和结构
>
> 毛织服装材料
>
> 毛织服装织片与花型
>
> 毛织服装图案
>
> 毛织服装色彩
>
> 毛织服装装饰
>
> **课题时间：** 6课时
>
> **教学目的：** 了解毛织服装的款式、结构、材料和色彩，能分辨不同毛织织片与花型的名称，着重把握毛织服装的图案、装饰的类别、特点及应用。
>
> **教学方式：** 讲授法、情境法、讨论法、展示法

第三章　毛织服装构成

第一节　毛织服装款式和结构

毛织服装的款式是指毛织服装成衣的外轮廓形状，毛织服装结构是构成毛织服装各成型衣片表面的花型及成型衣片各部位造型。

一、毛织服装款式

款式是指服装的造型，毛织服装的款式特点体现在其特殊的线圈编织结构及其表面呈现出柔软、蓬松的外观效果。现代电脑横机的强大功能，不仅能够完全编织出与机织一样挺括饱满的面料，并且其线圈产生的质地效果是机织面料无法达到的。主要体现在随型而出的功能上，即可以随人体的体型而成型。服装款式造型包括服装的整体造型、局部造型、服装图案、服装色彩及其他装饰。这里主要讲述服装款式的整体造型和局部造型。

（一）整体造型

整体造型又称服装的外轮廓设计，是服装单件或套装通过人体或按照人体体型支撑展现出来的立体的外观成型。通常使用的造型形式有字母型、仿生型、任意型等。

1. 字母型

字母型是以英文字中几个字母的平面形态特征进行描述的，常用的有五种形态，如A型、H型、X型、T型、O型（图3-1）。

A型主要是服装的上部收紧，下摆放松或夸张的造型，欢快而活泼。H型是服装上、中、下基本一致如筒状，宽松而舒适。X型以束腰、宽肩、放摆为基本造型，体现女人优美身材。T型是对肩部进行夸张，衣身瘦而紧如筒状，体现男人特征，严谨而潇洒。O型是上下收紧的外轮廓，衣身如包裹状，圆润而可爱。

2. 仿生型

仿生型服装是在造型中仿造动物或植物的某些形态来进行设计，如蝙蝠衫、鱼尾裙、枫叶裙、荷花裙等，如毕业于伦敦中央圣马丁学院设计师Liria Pristine的针织服装设计作品（图3-2），是用机器和手工联合打造出夸张的海洋生物造型，令人过目难忘。

3. 任意型或偶然型

任意型或偶然型服装是在造型设计中因灵感跳跃而得到的偶然性的形态。偶然型时装随意而不乱，生动且有较好的视觉冲击。如中国台湾服装设计师古又文以极具创意、个性的作品被业界认可，他创作了情绪雕塑（Emotional Sculpture）系列毛衣（图3-3），是用纯手工将无比脆弱的羊毛条编织成整件不存在任何接缝，宛若立体雕塑的服装，并于2009年在美国最

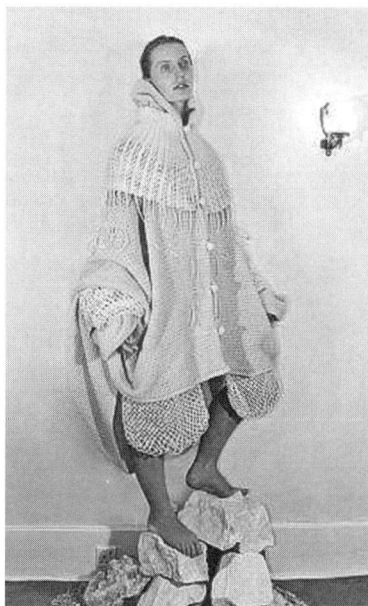

A型 H型

X型 T型 O型

图3-1 毛织服装造型

大的国际服装竞赛Gen Art拿下前卫时装大奖（The Design Vision of Avant-Garde）。

（二）局部造型

局部造型是服装的某些细节部位的造型，局部造型应服从整体造型，但局部造型也影响或改变整体造型的风格和特点。毛织服装的局部造型与其他服装一样，主要是在领部、胸部、背部、腰部、下摆部、门襟等部位进行设计，用以丰富服装的设计元素及内容。局部造

图3-2　设计师 Liria Pristine仿生毛织设计作品

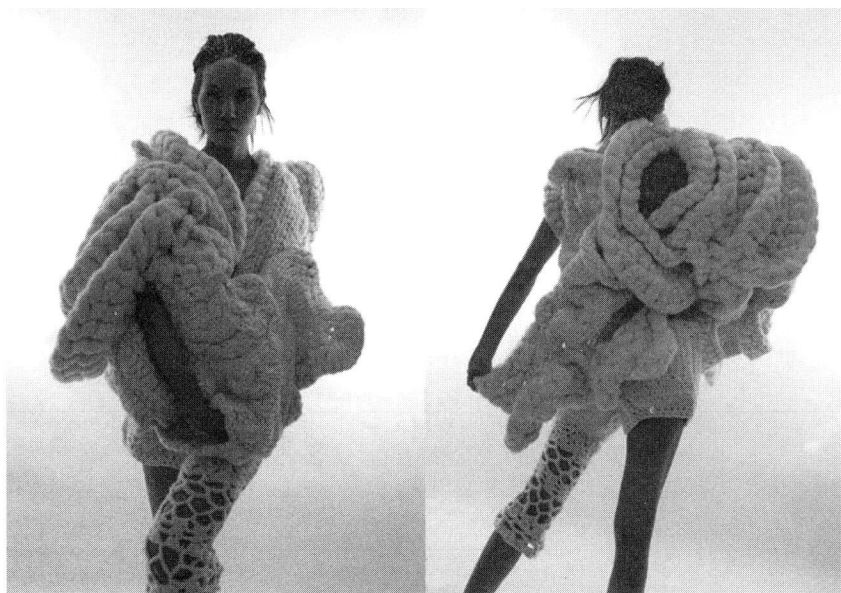

图3-3　古又文的"情绪雕塑"系列毛衣作品之一

型设计往往成为整体造型的点睛之笔，如有代表性的连帽、开衩等（图3-4、图3-5）。

二、毛织服装的基本结构

　　毛织服装的结构受其线圈编织结构的影响，边缘部位容易卷起，为了保持其较好的成型性，往往在设计毛织服装时总是在领口、袖口、下摆部位设计保型好、弹性好的罗纹组织。学习毛织服装结构构成方面的知识，可以直接从构成服装基本款式的基本衣片进行认识（图3-6）。

图3-4 连帽设计

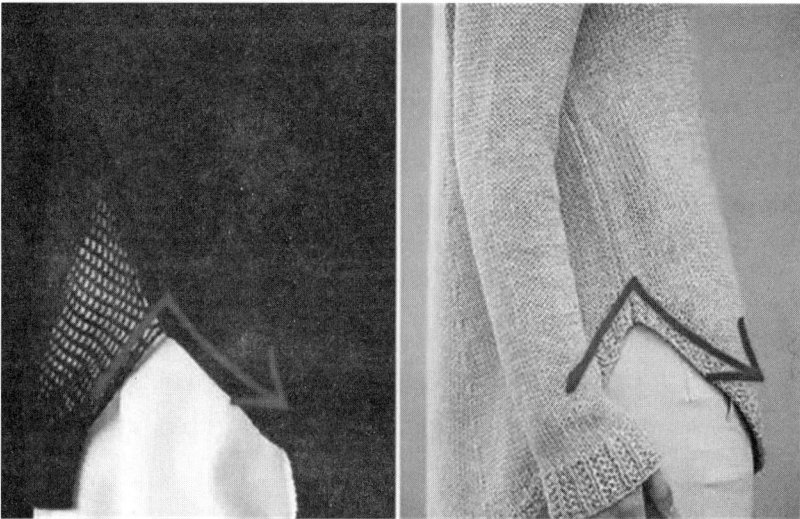

图3-5 侧开衩设计

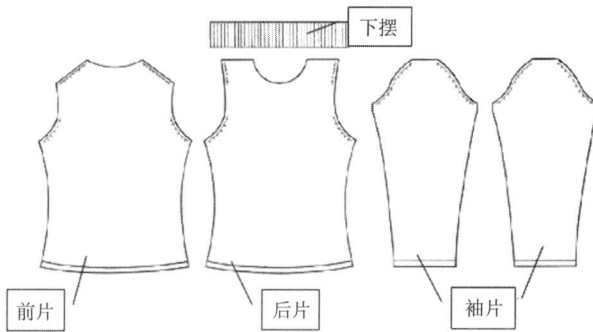

下摆

前片　　　　　后片　　　　　袖片

图3-6 毛织服装衣片

第二节　毛织服装材料

毛织服装材料的主体是毛纱，毛纱的种类丰富繁多，为了能全面地了解毛纱材料的相关知识，这里从毛纱材料的相貌和性质两个方面进行介绍。

一、毛纱材料的种类与相貌

（一）毛织材料的种类

毛纱材料可以分为三种，第一种是天然纤维，第二种是化学纤维，第三种是天然与化纤混纺毛纱。

天然纤维毛纱是自然生长的材质纺制而成的毛纱，主要有动物型纤维毛纱，如羊毛纱、兔毛纱、山羊绒纱、绵羊绒纱、羊仔毛纱、马海毛纱、驼绒纱、雪特莱毛纱、蚕丝等；再生纤维毛纱如牛奶纤维；植物型纤维如棉质纤维有精棉毛纱、丝光棉、彩棉等；此外还有竹纤维毛纱、大豆纤维毛纱、木浆纤维毛纱（如天丝）等。

人造毛纱，就是平时所说的化学纤维，是将可纤维化的工业材料通过化学处理制成纤维加工而成的毛纱。主要有腈纶丝毛纱——亚克力，锦纶丝毛纱——冰丝，涤纶丝毛纱——雪纺，聚酯纤维毛纱——聚酯棉，黏胶纤维毛纱——曲珠、莫代尔等。

混纺纤维是将天然纤维和化学纤维混在一起纺制成纱，混纺毛纱能够综合天然纤维和化学纤维的优点，对织片成衣有着一定的弥补双方不足的作用，如涤棉毛纱，棉可以弥补涤的柔软性的不足，涤可以弥补棉的弹性不足等。

（二）毛纱材料的相貌

毛纱材料的相貌有着各自的常规特征，就其外貌特征通常给人的感觉是一条线状的物品，以上小下大的圆筒将其缠绕成一个个的以重量为单位的物体。但要认识毛纱的相貌还得以条状物的外在形象进行了解，由于毛纱的外貌是经过设计和纺纱工艺来实现的，其相貌可分为三种情况：第一种是色纱，包括黑、白、灰等以色彩来定义；第二种是毛纱的粗细和捻度方向进行认识；第三种是将光洁的线状物纺造成为有各种形状的肌理，却仍然是线状物品。

1. 色彩

从色彩的角度认识毛纱，可直接以颜色名称定义，但由于各纺纱公司定颜色时有着各自的色彩称谓，因此，同颜色的毛纱不一定是同样的名称。同为一种色相的毛纱如黄色，也有普黄、柠檬黄、鹅黄等几十种称谓，为了有一个统一称谓，各毛纺纱厂统一使用"中国毛织产品色卡"作为染色对色版，并以色号进行标识。

色号是由一个拉丁文字母和三个阿拉伯数字组成，第一位为拉丁文字母，表示毛纱材料的品类。各字母所代表的毛纱材料品类为：N表示纯羊毛纱；WB表示腈纶与羊毛混纺纱，混纺比例为腈纶、羊毛各占50%，或腈纶60%、羊毛40%，或腈纶70%、羊毛30%；K表示腈纶或腈纶与锦纶混纺，混纺比例为腈纶90%、锦纶为10%，或腈纶70%、锦纶为30%；KW表示90%的腈纶与10%羊毛混纺纱；L表示羊仔毛（短毛）；R表示羊绒；M表示牦牛绒；C表示驼绒；A表示兔毛；AL表示占50%染色的长兔毛。

色号的第二位是数字，为毛纱的色彩相貌的色谱，各数字所代表的毛纱材料的色谱为：0表示白色色谱，包括漂白和本白色毛纱；1表示黄色和橙色色谱；2表示红色和青莲色色谱；3表示蓝色和藏青色色谱；4表示绿色色谱；5表示棕色和驼色色谱；6表示灰色和黑色色谱；7~9表示花色或夹色。

色号的第三和第四位的数字为色谱中颜色深浅的代码，用两位数表示，具体为：01~12，表示颜色由浅色到中度深色，12以上表示较深向更深发展，如R108表示中度深色的橙黄色羊绒毛纱。

2. 毛纱粗细和捻度方向

毛纱粗细是以纱支支数的多少组成的，目前我国毛纺及毛型化纤纯纺、混纺纱线的粗细有些仍沿用公制支数表示。这种公制支数是一种定重制，是指一定重量的纤维或纱线所具有的长度，其数值越大，表示纱线越细。计量单位包括公制支数（Nm）和英制支数（Ne）。

公制支数（Nm）是指在公定回潮率时，一克重的纱线（或纤维）所具有的长度米数，$Nm=L/G$，公制支数可表示成：$30Nm$（公支）、$60Nm$（公支），意味着一克重的纱线具有30m长或60m长。股线的公制支数，以组成股线的单纱的公制支数除以股数来表示，如30/2、60/2等。如果组成股线的单纱的支数不同，则股线公制支数用斜线划开并列的单纱支数加以表示，如21/42，股线的公制支数可计算得到：

$Nm=1/（1/N_1+1/N_2+\text{——}-+1/N_n）=1/（1/21+1/42）=14$公支

英制支数（Ne），英制支数为棉纱线粗细的旧有国家标准规定计量单位，现已被特数所替代。它是指1磅（454克）重的棉纱线有几个840码（1码=0.9144米）长，$Ne=L/（840G）$。若1磅重的纱线有60个840码长，则纱线细度为60英支，可记作"60英支"。股线的英制支数其表示方法和计算方法同公制支数。

这种表示方法因计算不便，现在使用的国家越来越少，股线的英制支数表示方法与公制支数相仿。除上述两种表示方法外，国际上较为通用的是特克斯和旦两种单位。特克斯（Tt），简称特，又称毛纱的号数，是英制单位，用1000米长的纤维或纱线在公定回潮率时的重量（克）表示。表示线纱密度值，号数越大，纱线越粗，号数越小，纱线越精细。

旦数（$Nden$），又称旦尼尔，是英制单位，表示在公定回潮率下，9000米长度的线纱或纤维所具有重量（克）。表示线纱密度值，在定长制下克重越大，线纱或纤维越粗，克重越小，线纱或纤维越细。

以上换算如下：

（1）Tt（特克斯）=（G/L）×1000，其中G为纱线重量（g），L为纱线长度（m）。

（2）$Nden$（旦尼尔）=（G/L）×9000，其中G为纱线重量（g），L为纱线长度（m）。

（3）Nm（公制支数）=L/G，其中G为纱线重量（g），L为纱线长度（m）。

（4）Ne（英制支数）=L（840G），其中G为纱线重量（磅），L为纱线长度（码）。

$Nm=9000/Nden$

$T_t=1000/Ne=Nden/9$（1旦尼尔）$=0.11Tx$

$Ne=C/T_t$（C为常数，化纤为590.5，棉为583，混纺纱可以根据混纺比例计算）。

常用单位：1米=1.0936码=39.37英寸；1公支=1000米=1.69英支。

3．毛纱表面肌理

从毛纱的表面肌理看毛纱的相貌，毛纱材料的表面肌理通常是光滑的线状物，但随着毛织服装设计对毛织服装变化的追求，使毛纱设计也有着多姿多彩的表现，主要体现在毛纱在纺造过程中改变了毛纱的横截面使之产生各种不规则形状，从而获得具有各种特殊质地的毛纱外观。如采用短纤维与长丝进行不规则的加捻合并；或纺纱过程中无规律增大毛纱的横截面；或纺纱过程中在毛纱芯线中无规则夹杂或捻附其他可附着的材料，如丝绒、饰线、弹力丝、或增加装饰颗粒、或染色等，使毛纱的外观风格、形状、色彩、弹性、手感、舒适性都发生改变。这些经过设计纺出来的毛纱在名称上有圈圈毛、结子毛、牙刷毛、松针毛、竹节毛、波纹毛、大肚节、段染毛、珠粒毛等。

二、毛织服装材料粗细与织针大小型的关系

毛织服装的材料主要是线型材料，毛织服装设计师接触的是各种线型的毛纱材料而不是一般服装设计师接触的纺织面料。根据毛纱的粗细型号匹配织针是影响编织织片的重要环节。纱线粗而织针细会出现织片密度过于紧密而影响织片的柔软性或造成不能编织；纱线细而织针粗则会出现织片过于疏松的外观，因此应根据设计的要求使用合适的毛纱与织针。细针编织的织片适合做春夏服装，粗针编织的织片适合做秋冬保暖服装。当然也不能一概而论，如果是细针提花、由多条毛纱编织而成，一样具有较保暖的厚度。

G（针数）：是描述针床上规定长度内（通常1英寸）所具有的针距数。织针针数越少，针间距越大。

公制支数：是描述纱线的粗细，支数越小，纱线越粗。当然，衡量纱线粗细，还有T_t（特克斯）及D（旦尼尔）两个指标，这两个指标越小，纱线越细。

至于多少针数的机器对应多少支数的纱线，公式如下：

$$Nm=G^2/K \tag{3-1}$$

式中：Nm——毛纱的支数；

G——机号（针数），G^2为G的平方；

K——适宜加工纱线细度的常数，常数一般取7～11（也有认为是取6～8），通常针数越大，K值越大；当然也要看纱线的种类：如蓬松度不一致或带弹力的纱，通常K值要大些。一般情况下，编织纯毛纱线时，K值取9合适；编织腈纶膨体纱时，K值取8较合适。

第三节 毛织服装织片与花型

一、毛织服装的织片

组成毛织服装的衣片是由横机编织出来的，编织织片应具备三个基本条件。一是确定了基本的款式；二是确定了应编织的花型；三是根据款式编写出吓数工艺单，这样才能有目的地进行编织，从而得到相应的织片。

1. 毛织织片的成型特点

（1）编织全成型衣片。利用毛织机可编织成型衣片，这种成型衣片的编织是通过具体的编织针数和编织转数来完成的，遇到宽窄不一时则需要进行加针或减针来实现。

（2）编织非全成型织片。需要根据针数和转数编织出布片，采用同机织面料剪裁的方法剪裁出衣片，由于毛织的线圈结构特点，裁剪后毛边容易脱散，一般情况下在设计时不能用裁剪法对毛织服装进行太多的分割设计。

2. 毛织织片的外观特点

（1）线圈结构。毛织织片是由横编机编织的，可由一条毛纱从头编织到结束，与机织面料相比，毛织织片的线圈结构具有弹性好的特点。

（2）组织结构。毛织机编织织片时可编织出千变万化的各种组织，在织片表面形成富有凹凸肌理的视觉和触摸效果，可让毛织设计师任由发挥。

（3）提花编织。提花编织可使织片表面形成丰富多彩的花型图案，提花分单面提花、双面提花和嵌花。可根据设计的需要编织出适合的提花花型。

3. 毛织织片的不足

（1）织片易卷边。毛织织片都容易卷边，主要是因为毛织编织是横向线圈，编织时容易把织片的两边往中间拉扯，因此，毛织织片的卷边总是横向的。但这种卷边不需要担心，因为这一边缘是织片的整边，不会影响服装的造型和工艺。

（2）织片表面易钩丝、起球。毛织织片的表面极易受带刺的外物钩拉而跑出来，这一现象称之为钩丝。受到线圈的结构毛织织片表面不够紧密，因而在受摩擦较严重的地方容易起球，一般毛纱材料较差，织成的毛衣就越容易起球，较好的毛纱材料织成的毛衣在经常摩擦的地方也容易起毛。

4. 毛织服装的成衣工艺特点

（1）缝合工艺。毛织服装的线圈结构特点，使之不能用普通平缝机进行缝合，为了保持其弹性好的特点，毛织服装成衣时是使用专门的缝盘机进行缝合，为防止毛织织片非整边收口时脱圈，要采用扎骨锁边工艺。

（2）成衣塑型工艺。毛织服装缝合后的形状与最后的成型有很大的差别，必须经过洗水、烘干后进行整烫成型。洗水时为了使服装达到设计师或客户所要求的手感柔软效果，必须添加一定的柔软剂。整烫时采用制作好的定型烫衣板将衣服撑起来用蒸汽熨斗进行定型。定型时利用毛织服装的弹性与线圈结构带来的好的伸缩性，通过定型板与蒸汽熨烫整理定型出与设计时所定的尺寸一样大小的服装。注意在使用蒸汽熨斗时，只用喷出的蒸汽定型，不需要将熨斗压紧在衣服上面，否则会将毛织服装上的毛绒压平而失去应有的效果。

二、毛织服装花型

（一）毛织服装组织

毛织服装织片在编织过程中通过密度松紧、移圈、集圈等技法使织片形成各种立体花纹，这种编织模式被称作组织编织，这种织片就称之为组织织片。以下介绍一些常见的组织：

1. 纬平组织

纬平组织是毛织服装使用非常普遍的花型，纬平组织的特点是正反面肌理区别明显。正面的纵向纹理清晰可见（图3-7、图3-8），反面则横向纹理清晰明了（图3-9、图3-10）。总体上纬平组织表面变化较小，但通过一些编织技巧使其内在结构和外观均能变化出一些花样。如单面纬平组织，俗称单边；双层纬平组织，俗称圆筒；松紧密度纬平组织，是通过改变各横例线圈密度或使用不同密度纱线编织成的织物；泡泡纬平组织，通过前针床或后针床在编织过程中脱圈后而形成的泡泡效果，因而出现有方形泡泡、圆形泡泡、菱形泡泡、波纹形泡泡等；抽针纬平组织又称浮线组织，把线圈从一个织针移到相邻的织针上，让该织针退出工作区，形成具有镂空效果的组织；间色纬平组织，编织原理与单面纬平组织完全相同，可以设计出两色以上的多色相间效果；混毛纬平组织，混毛纬平组织如同粗细不同毛纱进行编织的松紧密度组织，该组织还可以混入不同颜色的毛纱，不仅使织片表面形成松紧肌理，而且还形成色彩变化；单面凸条谷波组织（图3-11），指编织过程中横向凸起一条织纹，采

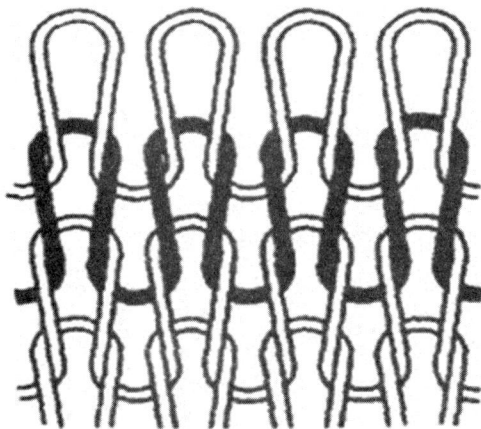

图3-7 纬平针组织正面线圈

图3-8 纬平针组织正面工艺效果

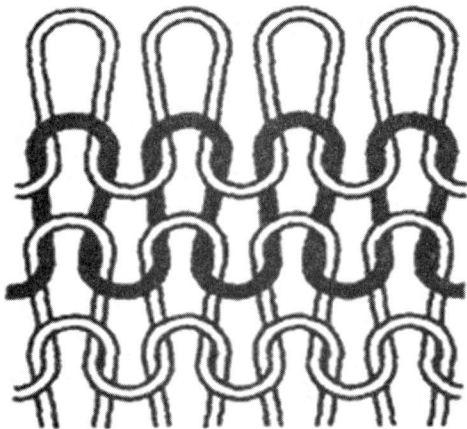

图3-9 纬平针组织反面线圈

图3-10 纬平针组织反面工艺效果

用双针床编织，在编织时后针床先不参与编织，待前针床编织几转后，再把后针床织针中的线圈移至前针床的织针里，然后开启后针床的起针三角继续编织，这样使原来前针床编织的几转线图被拉回形成突起的肌理。分为面凸和底凸两种形式，横条花型外凸增强表面肌理效果；添纱纬平组织，俗称岙毛（图3-12），用添纱纱嘴编织成双色纱织物，这种织物与混毛编织不同，混毛编织是不同色纱混合编织，而添纱组织是面纱经辅孔，底纱经基孔形成面底相互覆盖的效果，呈现出面底颜色不同的组织特点。

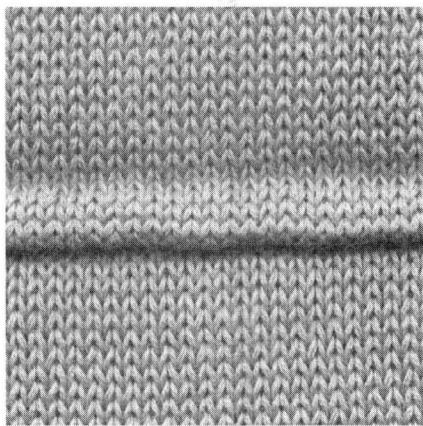

图3-11　谷波组织　　　　　　　　　图3-12　添纱组织（岙毛）

2. 罗纹组织

罗纹组织是一种双面组织，由双针床完成，以正面线圈纵向与反面线圈纵向组合成相间的正反肌理效果（图3-13、图3-14）。罗纹组织的特点是没有正反面之分，弹性好、保形好，在毛织服装中普遍用于袖口、下摆、领口或领子等部位。普通罗纹有宽窄之分，常用N+N表示，字母N表示排列的纵条数有几条，有1+1、2+1、2+2、3+2等。除宽窄变化外还有在编织结构上的不同形式，如三平组织，即一转编织中前后针床有三次参与编织，是由半转满针罗纹和半转纬平针循环编织而成，又分面三平和底三平。横列的纬平针在面称之为面三平，反之称底三平。面三平的正面与底三平的反面相似，显示织针紧密，而面三平的反面与底三平的正面相似，纵向条纹较平整清晰；四平组织又称满针罗纹，即一转编织中前后针床四次参与编织，与1+1罗纹组织表面看似是相同的结构，但四平组织是前后针床开针范围内的所有织针都参与编织，1+1罗纹是针与针之间都隔一支针开针，因而呈现出组织紧密、弹性更好、厚度更大的特点；罗纹空气层组织（图3-15），由面三平和底三平交替编织而成的织物，即先编织一个横列的面三平纬平针之后，再编织一个横列的底三平，这样循环编织而成，其外观呈现正反面相似的组织形式；双面谷波组织，双面谷波组织在双针床上编织，先在前后针床开针1+1罗纹，先关闭起针三角2和3，使后针床不编织，待前针床编织几列后，把后针床织针的线圈移到相对应的前针床继续编织，这样循环编织便形成罗纹双面谷波组织。这种方式不可以进行间色谷波和双面谷波组织编织；罗纹格子组织，罗纹格子织物是罗纹组织与单面纬平组织复合而成的，编织数转罗纹后，编织一转或几转空气层，就形成格子组织。也可在编织空气层时在导纱嘴带入其他色纱，格子效果会更加明显；泡泡罗纹组织，罗纹泡泡纱的编织原理与纬平针泡泡纱编织原理是一样的，如果采用不同色彩的毛纱编织，设置不同的编织横列，立体效果更为强烈。

图3-13　1+1罗纹组织　　　　　图3-14　3+3罗纹组织　　　　　图3-15　罗纹空气层组织

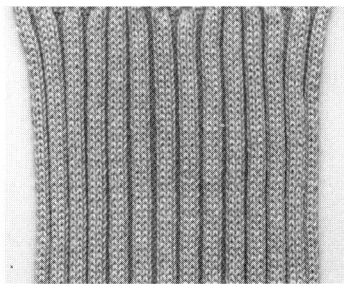

3. 正反面组织

正反面组织，也叫双反面组织，就是在前后针床上由正面纬平针与反面纬平针在转数上相互循环编织而成的（图3-16）。正反面织物表面形成的正面纵条纹理和反面横向波浪状纹理产生对比，增强表面外观的内容和立体肌理效果。正反面组织的形式可根据织物肌理变化的需要而编织出其他多种形式。如令士组织（图3-17），在编织过程中按方格或菱形或圆形的组织程序，有规律地在前后两针床之间交替更换织针进行编织，就可形成如方格或菱形或圆形的令士组织，这些组织的表面是由正反两种组织并列形成连续性纹样；桂花组织（图3-18），也称为1×1令士、1+1正反针，它的编织与令士组织原理是一样的，表面外观成片的颗粒状的纹样如一朵朵小桂花一样；浮雕组织（图3-19），它是在双针床上的一个针床上编织纬平针为背景织物，再将要编织的浮雕花型在所对应的另一针床上进行编织的正反面组织，通过前后针床的交替编织可将立体的独立的组织编织到纬平针上。浮雕组织的外观如叶

图3-16　正反组织　　　　　　　　　图3-17　2×2令士组织

图3-18 桂花组织

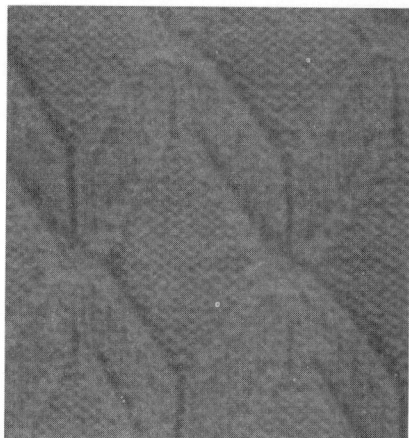

图3-19 浮雕组织

子、扭绳、立体颗粒等。

4. 移圈组织

移圈组织是在编织过程中将一个织针的线圈向左或向右移到相邻的织针上所形成的带孔的组织，通过移圈可以产生很多种组织变化，为丰富织物表面花形内容起到很好的作用，主要形式有三种。第一，挑孔组织，是移圈组织最有代表性的形式，通过有规律地移圈不仅使孔眼有规律的排列出很多种图形，也使被移入的线圈形成相对立体的肌理效果（图3-20）。第二，绞花组织，俗称扭绳、麻花组织，是把织针上的线圈在相邻的织针上有规律性地交替移换位置而成（图3-21）。常见的绞花组织有单扭和互纽，互纽有1+1、1+2到N+N。数字越大表示扭绳的针数越多，宽度就越宽，但扭转难度也随之增大。为了显示扭绳组的立体感，一般都是在扭绳的左右两旁织反针。绞花分为单面绞花和双面绞花，单面绞花在单针床完成，双面绞花在双针床完成。第三，阿兰花组织，俗称搬针组织、搬揽组织，在织片上确定某一枚或某一组线圈为基础，然后分别向左和向右的纵向呈对称移圈，在织物表面形成菱形

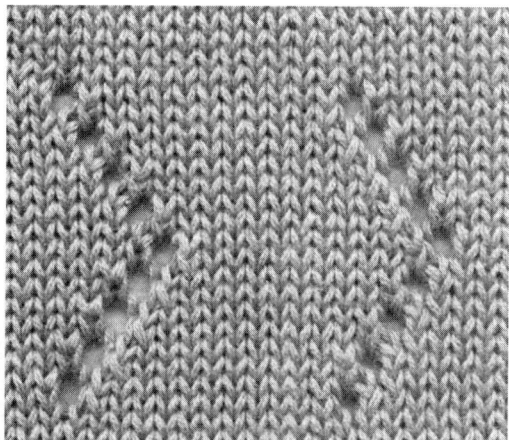

图3-20 挑孔组织

图3-21 绞花组织

或V形的花形图案（图3-22）。阿兰花搬揽组织分单面搬揽和双面搬揽，单面搬揽在单针床进行，双面搬揽在双针床进行。

移圈还能产生更多复杂花型，如空格移圈、套收针移圈、浮线移圈、挑针移圈、复合移圈等。

5. 集圈组织

集圈组织是在织物的某些线圈上除套有一个封闭的旧线圈，另外还套有一个或几个悬弧，集圈组织会使织物显得更加饱满厚实。常见的集圈组织有如下几种，如全畦编组织，俗称双元宝、双鱼鳞组织，是以罗纹组织为基础，满针罗纹全畦编又称柳条组织（图3-23）。都是通过前、后针床的工作织针编织线圈线圈与集圈线圈相互交替循环而成；半畦编组织，俗称珠地组织，或单元宝、单鱼鳞，也称半转打花半转平，在罗纹组织的基础上，编织半转集圈再编织半转罗纹，如此循环而成（图3-24）；打花组织，俗称胖花组织，有单面打花和双面打花之分，同时又称二级打花和三级打花，打花是在单针床上完成（图3-25）。

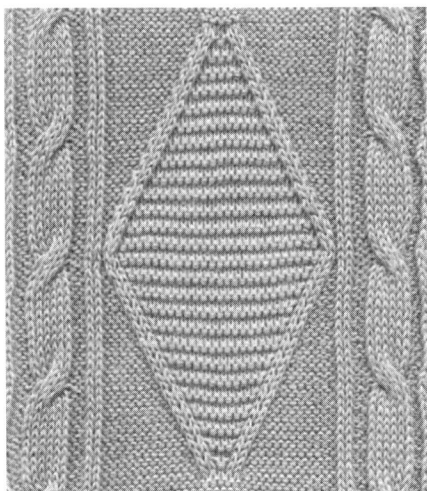

图3-22　阿兰花组织

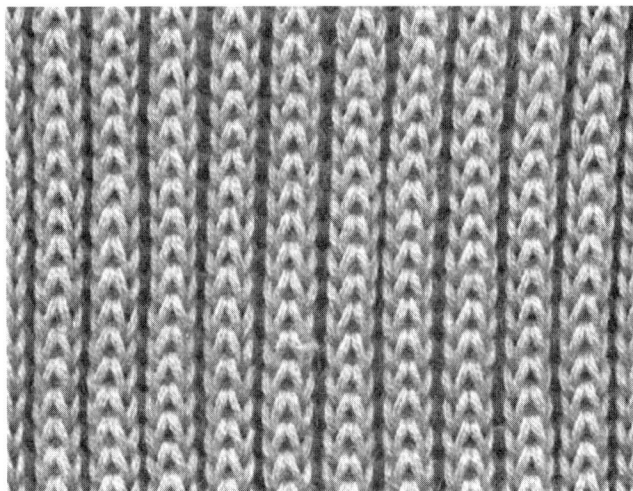

图3-23　全畦编组织

图3-24　半畦编组织

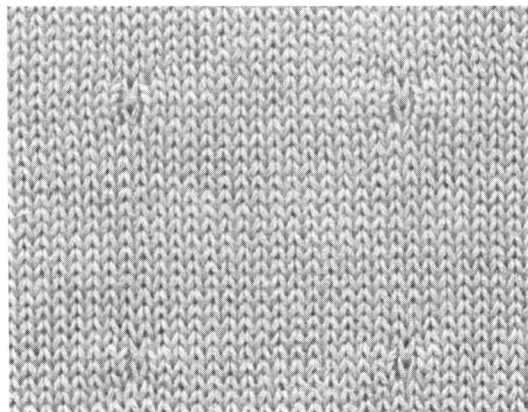

图3-25　胖花组织

6. 波纹组织

波纹组织俗称扳花组织，是一种双面组织，编织过程中前针床是固定的，主要靠后针床移动来完成。波纹组织形成倾斜线圈，在织物表面产生波浪形效果。在编织中波纹感最强要数罗纹波纹组织，在其他组织基础上应用的也很多，如三平波纹组织、四平波纹组织（图3-26）、四平抽条波纹组织、畦编波纹组织（图3-27）、抽针波纹组织、方格波纹组织、扳波组织等。

图3-26　波纹组织（四平）

图3-27　畦编波纹组织

（二）毛织服装提花花型

提花是通过不同的颜色呈现出设计的图纹，在毛织服装中运用非常广泛，电脑横机提花可以完成从简单的色块、图案到复杂的风景、人物作品的编织。毛织服装的提花在编织中有两种情况，单面提花和双面提花。单面提花是用前一个针床编织，只在正面出现具体的图纹，底面为浮线（图3-28）。双面提花是以前后两个针床编织，正面为图纹，而另一面通常是以网眼或芝麻状呈现（图3-29）。另一种是空气层提花形式，这种形式在一些图纹的部位出现底面两层相离，中间形成空气层。提花编织会随着编织颜色的数量增加而使得织片的厚度不断增加。纱嘴的数量也是有限的。提花花型在传统的手摇机中用"花机"来完成，现代

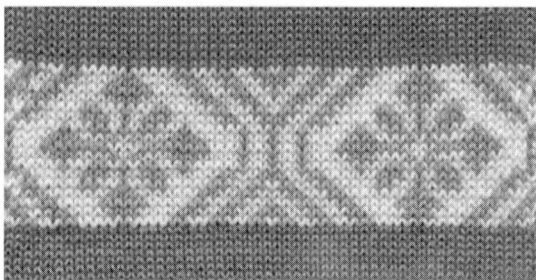

正面

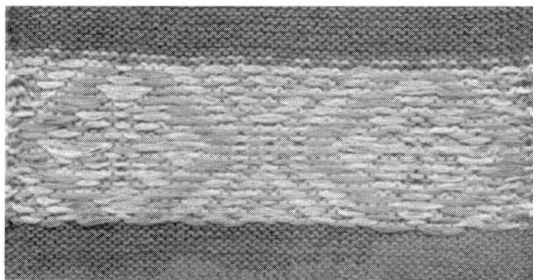

反面

图3-28　单面提花组织

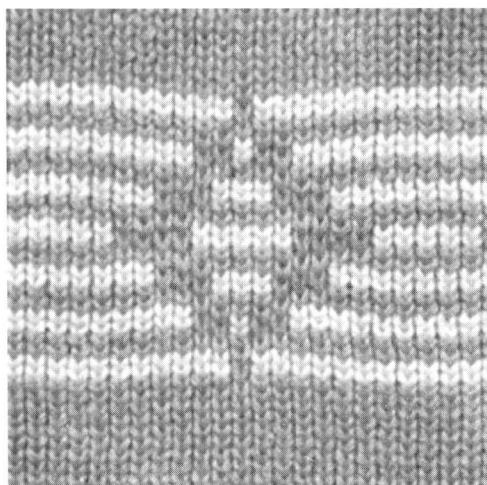 

正面   反面

图3-29　双面提花组织

编织都用电脑横机来完成，且用细针横机编织较好，如12G、14G、16G、18G等。

（三）毛织服装嵌花花型

嵌花俗称挂毛，嵌花织片有明显的正反面的组织之分，犹如纬平针的正反面（图3-30）。嵌花编织图案效果较好，因为色块间不能相互渗透颜色，只能单独编织色块。编织嵌花要使用专门的嵌花纱嘴来完成。

 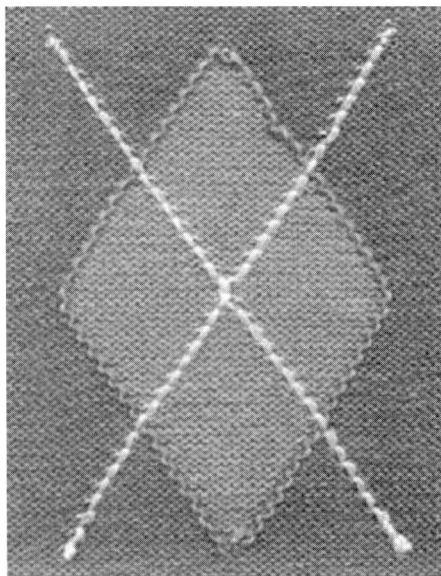

正面   反面

图3-30　嵌花组织结构

1. 花型形成方法

每个成圈系统必须配置几只嵌花导纱器。导纱器在编织一个横列时相继进入工作，按照花型要求分别将各自的纱线垫放到相应的织针上，各导纱器引导的色纱所编织的线圈形成了色块花型。

2. 花型区间线圈连接方式

把一个横列中各导纱器引导的色纱所编织的线圈（即各个色块之间）连接起来，可采用轮回、集圈、添纱和双线圈等方式加以连接。

（1）轮回连接：当导纱器向一个方向移动而在若干枚针上垫纱后，反向回程时，并不是从上一个横列垫纱结束的那枚针开始垫纱，而是向左或向右移过几枚针再进行垫纱。

（2）集圈连接：形成接缝的一枚针轮流地从相邻两只导纱器中得到纱线，而脱圈是每隔一横列进行一次。在每次脱圈中，有两只不同纱线形成的线圈和悬弧同时脱下。

（3）添纱连接：将各组线圈相互叠加加以连接。为此，各组边缘线圈都是由相邻两只导纱器同时在同一枚或两枚针上进行垫纱编织而得到。

第四节　毛织服装图案

电脑横机的出现，使得图案在毛织服装中应用广泛，电脑横机可以编织出设计师想要的各种图案，因此，本书将较为详细地介绍关于图案的内容及其在毛织服装中的应用。

一、图案概述

（一）图案的概念

图案，狭义理解就是装饰纹样，对产品起装饰作用。广义的理解除包括上述定义外，还包括对产品本身的设计、制作过程，所以说图案与设计的关系是相辅相成的。

服饰图案是装饰服装这一特定对象的，所以在服装设计的过程中就融入了图案设计。但服饰图案设计不仅是对服装产品本身起美化作用，而且为美化着装者服务，因此服装产品上的图案也会因人而异地受到不同消费者的选用或排斥。

（二）图案的特性

服饰图案可以起到装扮人体和渲染人的内心世界活动的作用，因此服饰图案具有装饰性、功能性、工艺性、审美性、动态性、多义性特点。

1. 装饰性

服饰图案的装饰性有两个作用，一是，服装通过装饰设计不仅使服装本身有了生动、美妙的情趣，而且还会使着装者产生优雅、美丽的气质；二是，通过装饰可以掩饰着装者身材上的一些不足，让着装者增添自信、愉悦的心情。

2. 功能性

人的活动是频繁多样的，而服装是人们在进行丰富的社会活动时起关联作用的载体，这一载体具备了进行各种交流的功能，如服饰的象征性功能、标识性功能、商业性功能、情感性功能、实用性功能。

3. 工艺性

服饰图案的运用要通过各种工艺手段才能实现的。如毛织服装上装饰花型的编织工艺、印花工艺、钉珠工艺、绣花工艺等。工艺还包括因材料、方法、内容、形式、效果及产品价值的不同而产生的不同的工艺要求。

4. 审美性

审美性是视觉感染力的表现，服饰形式和内容所具有的观赏性就是其具备的审美价值，这种审美性是要达到让人赏心悦目并提升到精神满足的层面。

5. 动态性

人活动的频繁性对服装装饰美的体现增添了动感的韵律，人在穿着带有装饰元素的服装时，在行走过程中产生着变化。如条纹、格纹的服装，会随着人的行走、旋转的动态而产生跃动，显示出迷幻的感觉。

6. 多义性

因地域、文化、生活方式、民族传统、民俗观念的不同，人们对同一图案有着不同的定义；也因不同文化层次、社会地位、年龄等，对同一图案而有不同的理解，因而显示出图案的多重意义和性格特征。

7. 引用性

服装设计既是一门独立学科，又是一门与其他艺术有紧密联系的学科。因此，服饰的引用性是指服饰图案的创作来源，在很大程度上引用了如建筑装饰、生活用品装饰、纯艺术图形的装饰内容及形式。

二、服饰图案的分类

服饰图案是一种系统性、系列化很高的艺术装饰，涉及人们的生活、文化各个方面，就装饰形式而言可谓是千姿百态，通过归纳和概括，在此介绍一些能在毛织服装中有较好运用的基本形式。

（一）形态上分

1. 平面图案

平面图案是印染、描绘、编织在同一平面的图案，在服装装饰上最常用的是单独纹样和连续纹样。

（1）单独纹样：是指具有相对的独立性和完整性，具有单独出现用以装饰的纹样。单独纹样包括自由纹样和适合纹样两种。

（2）连续纹样：是指以一个或几个纹样为一个单位，然后按照一定规则进行有规律地反复排列而构成的图案。连续纹样分二方连续和四方连续两种形式。

2. 立体图案

立体图案是与平面相对，通过在平面上进行雕、刻或添加使平面出现有立体肌理的图案。立体图案在服装上较常用的是单独纹样，或单独的装饰体。

（二）构成上分

从构成上分，可分为点饰图案、线饰图案、面饰图案、体饰图案。

（三）风格上分

从风格上分，可分为民族服饰风格、现代服饰风格、创意服饰风格（印象风格或抽象风格）、田园服饰风格、复古服饰风格、西洋服饰风格（洛可可式、哥特式）。

三、毛织服饰图案的形象

图案的形象就是图案内容的外观表现，分客观图形形象和非客观图形形象。

（一）客观图形形象

客观图形形象是客观世界实际存在的物的形象，主要包括以下五种：

1. 花卉图案

花卉图案是自然界的植物，通过设计成纹样形式进行装饰，花卉图案装饰在各个领域中应用都非常普遍，在服装上的应用以女装和童装居多，在男装中也有运用，具有灵活性、生动性、直观性特点。

2. 动物图案

动物图案是以自然界的各种动物为形象的图案，动物图案在服装装饰中具有一定的特性，一是从动物形象上取舍或遵循面貌整体性，即取动物的头像部分或动物全身，另外动物的毛皮纹样也可以单独转化为图案形式进行装饰，如豹纹、虎纹、斑马纹、羽毛等；二是从动物性情上应体现动物的精神本色，如马、羊的温良，虎、豹的威猛，狐、猴的机灵，小狗、小熊的可爱，孔雀的美丽等。因此，在装饰选择上要区别对待，不像花卉图案那么灵活。

3. 风景图案

风景图案是设计师取之不尽的创作资源，内容非常丰富多彩。包括自然风光、人文景观、乡村、城市等。风景图案在服装设计中应用相对较少，主要在休闲装、童装中应用较多。

4. 人物图案

人物图案通常以人的形象和体态造型为创作目的。在服装装饰中常见的有两种形式，一是以人物原形为对象的图案，这类图案多采用头像为主；另一种是以人物变形为主的图案，这类图案有人体的、歌舞表演的、民族服饰的，此外还有人的局部如眼睛、嘴唇、手印、脚印等，在服装装饰上以休闲装为主。

5. 人造物图案

人造物图案是以人们的生活用品为对象进行创作的图案，包括日常用具如餐具、茶具等，体育用品如足球、篮球、网球拍等，还有乐器、交通工具等。在休闲装和一些前卫风格的服装上应用较多。

（二）非客观图形形象

非客观图形形象是以点、线、面、肌理、色彩诸元素，按照形式美的一般法则构成的图案。这种图案具有秩序、规律、自由、多变的特点，在服装装饰中应用十分广泛。如点纹、条纹、格纹、几何形纹、文字纹及各种形状和肌理变幻的纹样，在各类服装装饰中都有应用。

四、图案在毛织服装上的应用

图案在毛织服装设计的装饰中应用极为普遍，装饰形式分为局部性和整体性两种表现。

（一）局部性装饰

服装都经过了不同程度的设计和装饰，随着时代和科技的不断发展，装饰的方法、种类、技术都在日新月异。服装上的局部图案装饰主要有边缘装饰和中心装饰两大类。

1. 边缘装饰

边缘装饰是指服装的边线部位，如领子、衣襟、袖口、衣摆、袋口、裤腰、裤脚口、裙腰、裙摆等。对服装边缘的装饰会更加增强服装轮廓感和线条感，彰显出服装的华丽和典雅。比如，领子、前襟的装饰具有端庄雅致的特点，应装饰考究，且与口袋、袖口装饰相呼应。在衣摆、裙摆、脚口等部位的装饰要具有稳健、安定的特点（图3-31）。

2. 中心装饰

服装的中心装饰是相对于服装边缘而言的中心部位，如胸部、腰部、腹部、背部、肩部、袖身部、臀部、腿部、膝盖部等部位，对这些部位进行图案装饰具有集中和醒目的效果（图3-32）。

图3-31　图案在毛衣边缘的装饰　　　　图3-32　图案在毛衣中心的装饰

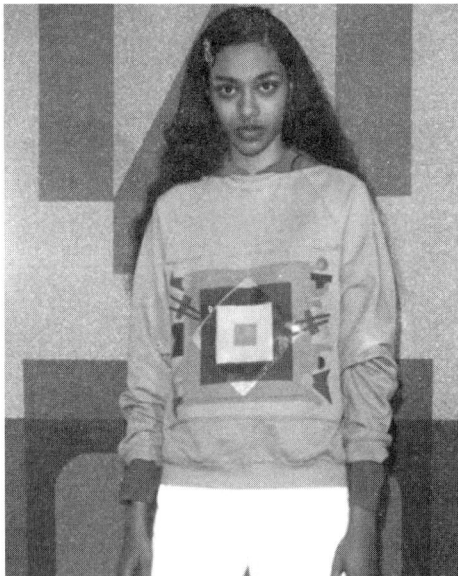

（1）胸前的图案装饰突出，视觉冲击强烈。

（2）背部的图案装饰体现扩张、强悍的特点。

（3）腰部的图案装饰具有紧缩、挺拔的特点。

（4）肩部的图案装饰具有上升、高耸的表现。

（5）袖身、臀部、腿部、膝部等都是容易和外界产生摩擦的部位，这些部位图案装饰具有力量和坚硬的美感。

（二）图案的整体性装饰

整体性装饰分单件装饰、套装装饰、系列装饰三个类型。

1. 单件装饰

单件装饰是指对服装及其配件进行单独的图案装饰，如对外衣、裙子、裤子、帽子、围巾等单件装饰。这种装饰是针对独立的个体进行的，因而只需考量单品的特点而进行装饰，独立性强，自由度大（图3-33）。

图3-33 图案在单件毛衣上的装饰

2. 套装装饰

套装装饰是指对一个组成配套的套装行头，包括上装、下装、帽子、围巾、手套、鞋子、包、伞等进行协调性图案装饰。这种装饰所使用的图案内容和形式应相同或相近，注意装饰的整体性和完整性。由于一套完整的装束是由多件单品组成，在装饰时应确定一个装饰中心，其他部分则以衬托和呼应的角色出现。设计装饰的图案内容和形式更要考量整套服装的风格特征和着装者年龄、性格特征、社会身份、职业等（图3-34）。

图3-34 图案在套装毛衣上的装饰

3. 系列装饰

系列装饰是指对两套以上的服装进行图案装饰。系列装饰既要体现单品之间协调统一，又要使每一套服装自身的独立完整，因而难度较大。为解决这一难度，可采取同图案不同款式、同款式不同图案和同款式同图案几种装饰方式。在使用这几种方式时，应注意统一中求变化、变化中求统一的装饰原则（图3-35）。

图3-35 北京服装学院毛织服装设计系列

第五节 毛织服装色彩

色彩应用是毛织服装设计中非常重要的内容，服装色彩在人们的视觉中能最快受到关注。当今社会无论是物质层面还是精神层面，色彩已是人类生活不可或缺的内容之一，作为构成服装要素之一的色彩，对于毛织服装设计而言，既是心理、社会、经济的视觉语言，也是毛织服装设计中的风格表现和流行信息的传播标志。毛织服装的色彩是靠毛纱的颜色来决定的，从条状的毛纱来判断毛织服装的整体色彩，对于毛织服装设计工作者而言必须具备这种判断力。

一、毛织服装色彩的要素

色彩与人类的生活休戚相关，从毛织服装设计的专业角度来认识色彩，学习色彩进而分析色彩，首先应了解色彩的基本要素。色彩有三个基本要素，即色相、明度和纯度。

1. 色相

色相就是指色彩呈现出来的外表相貌，是区别色彩之间相貌特征的基本要素。为了区别不同色相的颜色，人类将各种具有不同感受的颜色赋予了一个名称代号，便于认识、学习和使用。认识色彩的容貌，首先可以从三原色开始，色彩学家把红、黄、蓝定为三原色（图3-36），并研究出三原色是调配出其他众多颜色的源本。由三原色衍生三间色，为橙色、绿色和紫色，三原色与三间色组成了最基本的色相，间色再调配复色（图3-37）。其他如明黄、柠檬黄、土黄属于特定的色相，而浅绿、深绿是属于明度不同的色相等。

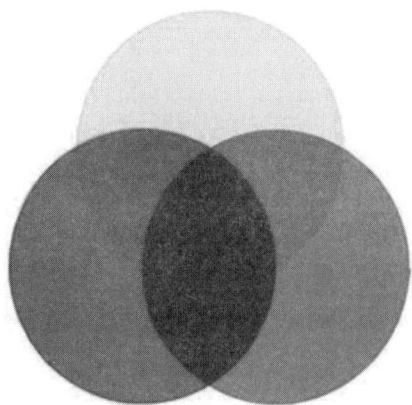

图3-36　三原色

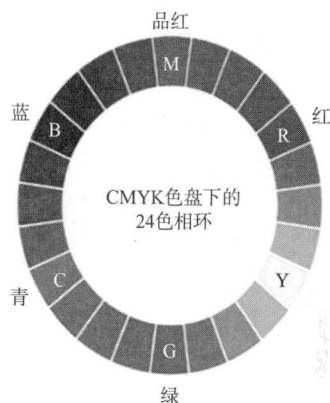

图3-37　色相环

2. 明度

明度是指色彩明暗的程度，色彩明暗的程度体现在亮度的强与弱。色彩的明亮与灰暗取决于该颜色中含白的量与含黑的量。含白的量越多，明度就越高；含黑的量越多，明度就越低。因而，在色彩明度中，因含白与含黑量的不同而分高明度色彩、中明度色彩和低明度色彩。在彩色系中，黄色系属高明度色系，橙、绿、红、蓝为中明度色系，紫色系为低明度色系（图3-38）。

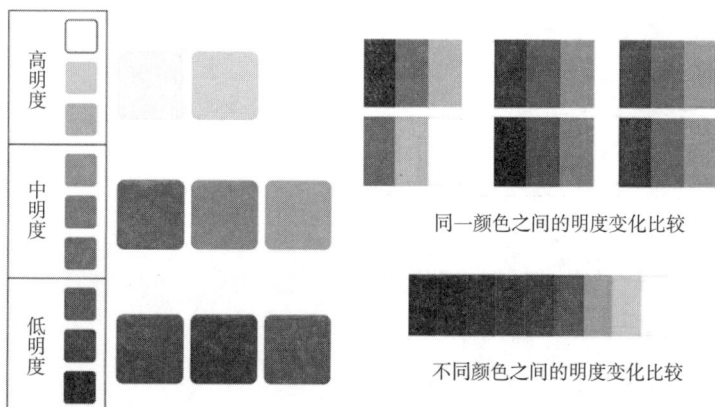

图3-38　明度比较

3. 纯度

色彩的纯度是指色彩成分的净含量程度，某种颜色成分的净含量越高，则纯度越高，反之越低（图3-39）。色彩的纯度越高，颜色就越鲜艳，纯度越低，颜色就越显得浑浊。色相中的红色、黄色、黄橙色、紫色、紫红色、蓝紫色为高纯度色彩，黄绿色、绿色、蓝色为中纯度色彩，蓝绿色为低纯度色彩。毛织服装在色彩纯度的调整上可以与设计者和客户的需要进行调配，因为在编织中会采用多条同色或异色的毛纱进行混织，也可以改变织片的色彩纯度。

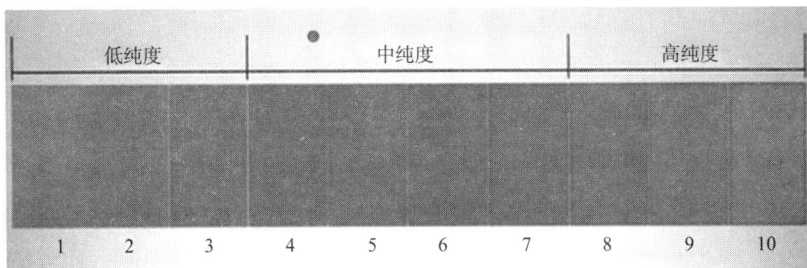

图3-39 红色的纯度变化

二、毛织服装色彩搭配原理

色彩搭配是指用两种以上的颜色进行搭配，毛织服装的色彩搭配原理要遵从颜色所表现出来的特性和人们因此而产生的视觉心理特征，才能使适合的搭配释放出合适的色彩情感。色彩搭配是从色彩的三要素中探求基本的搭配形式，即色相搭配、明度搭配、纯度搭配。

（一）色相搭配

1. 同色相搭配

同色相搭配是指相同的色相颜色通过改变其明度和纯度进行搭配，这种搭配简单，容易把握，搭配的结果协调性好，但搭配不当会显得呆板（图3-40）。

2. 邻近色搭配

邻近色搭配是将在色环上相邻的颜色进行搭配，如绿色和蓝色、红色和黄色就是互为邻近色。邻近色在视觉上既有变化又显得和谐，柔和、有亲近感，是很常用的搭配选择。例如，橙色与邻近的黄、红暖色调的搭配，是一种简单而又安全的搭配方法，会产生一种井然有序的视觉韵律，显得色泽华丽、充满新鲜活力（图3-41）。

3. 类似色搭配

类似色也称同类色，是指相配的两种颜色中都包含着同一色相的50%以上的成分，如黄与黄绿、红与橙、橙与黄等。类似色相配可以将二色在明度和纯度上拉开一定的距离，使得搭配更为优雅活泼一些（图3-42）。

4. 对比色搭配

对比色搭配在服装配色中是常用的，由于对比色具有较强烈的对立倾向，表现在相互之间的冷暖对比、膨胀与收缩的对比、前进与后退的对比，但过于强烈的对比容易产生过于刺

图3-40 同色相搭配　　　图3-41 邻近色搭配　　　图3-42 类似色搭配

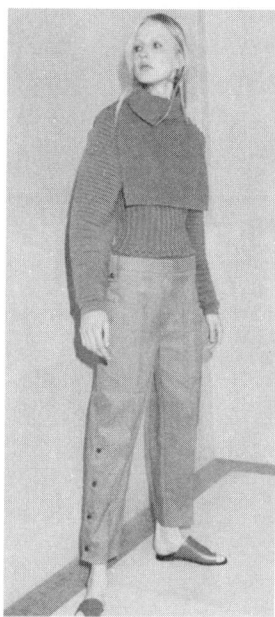

激和反差的视觉心理。对比色搭配中包括补色搭配，色环中180度对立的两个色相互为补色，所对比感极为强烈，会让人产生强烈的视觉跳跃感（图3-43）。

（二）色彩明度、纯度搭配

色彩明度搭配可以是相同色相不同明度和纯度的搭配，如高明度与中明度、高明度与低明度、中明度与低明度搭配。高纯度与中纯度、高纯度与低纯度、中纯度与低纯度搭配，或明度与纯度之间的搭配。这样产生一定的明度对比、纯度对比和明度与纯度间的对比关系，使相同色相的色彩打破过于统一的呆板和宁静，增添一些变化和活泼的气氛。不同色相的色彩也可以采用相同明度、纯度的对比或不同明度和不同纯度的对比，这种搭配往往是用明度和纯度来调和不同色相对比过于强烈的色彩之间的关系（图3-44）。

（三）无彩系搭配

黑、白、灰是无彩系成员，是服装中非常经典的颜色。无彩系成员之间相互搭配显得醒目而柔和、鲜明而含蓄。无彩系之间的搭配采用明度差之间的对比应用非常广泛（图3-45）。同时无

图3-43 对比色搭配

彩系成员还常与其他颜色进行搭配，产生美妙无限的效果，或对比调和，或跳跃平静等。

图3-44　同色相不同明度、纯度搭配　　　　图3-45　黑白灰搭配

三、毛织服装色彩的配色原则

色彩本来都是很美的，但由于人们在使用颜色时没有注意到颜色之间存在着诸多的矛盾关系，使得一些颜色放在一起不仅没有达到美的效果，反而使原本美丽的色彩变得让人难受。因此，颜色搭配是有一定规律和原则的，只有遵循美的搭配原则，才能出现美不胜收的视觉美感。毛织服装色彩搭配的基本原则如下。

（一）统一与调和的原则

这一原则要求毛织服装在进行色彩搭配时应达到一个统一和谐的配色目的。色彩搭配的统一性体现在，一方面可以从色彩的个性来找寻，不同性格的色彩在一起容易产生矛盾。那么不同性格的色彩要放在一起搭配，就必须经过调和理论进行处理，如改变色彩的明度或纯度等。另一方面是直接采用色相的同一性、类似性色彩搭配就能较好地实现统一。统一性原则配色能达到视觉上的整体性、舒适性的配色目的（图3-46）。

（二）平衡与秩序的原则

平衡和秩序都是相对的，在配色原则中是指色彩的分布状况，在服装色彩的分布上追求视觉整体有序的状态（图3-47）。违反这个原则就会显得紊乱而无头绪。如设计一套由多种颜色组成的毛织服装，为了使其看起来整体平衡，一方面可以从色彩的明度上做调整，使不同的颜色保持明度上的一致性与相似性；另一方面可以从色彩上进行归类组合，使无序变得有序。

（三）强调和对比的原则

强调是为了更加突出主体或主题，以吸引眼球注视。如强调装饰品的配色，一方面是吸引视觉关注装饰品本身，另一方面则是通过装饰品的配色效果使人更加关注整套服装。对比则是通过颜色的冷与暖、明与暗、鲜艳与灰暗、面积大小等，使配色柔软中不失凌厉、热情中又有含蓄（图3-48）。

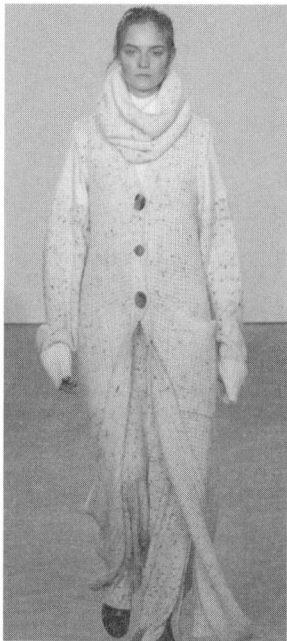

图3-46　色彩的统一　　　　图3-47　色彩的平衡　　　　图3-48　色彩的对比

（四）节奏与韵律的原则

节奏是通过反复、渐变、重叠、交替、转折来实现的，韵律是随着装者的动姿快慢、反复、渐变等元素产生一种有节奏的律动（图3-49）。毛织服装中的配色由明到暗、由强到弱、由冷到暖，色彩面积由大到小等的变化都是遵循节奏配色原则进行的。节奏与韵律的配色原则能使配色主体静中有动，平淡中有变化、跳跃，严肃中有活泼、灵动的奇特美感。

图3-49　色彩的节奏

第六节　毛织服装装饰

毛织服装的装饰除组织肌理、图案和色彩外，还有制成成衣后通过其他一些装饰手段得到更为丰富的美化效果。这里介绍几种在毛织服装中常用的装饰形式，当然这些装饰只是从方法和形式上发生一些变化，但始终离不开肌理、图案和色彩的应用。

一、染色

染色是属于色彩设计的内容，在毛织服装生产中，应用染色装饰的形式有多种，主要有局部染色、分段染色、多色渲染（图3-50），还有扎染、蜡染、吊染等。应用蜡染装饰的以14针以上的细针种毛衫效果较好，太粗针种的毛衫因线圈太大，会削弱蜡的附着力，从而影响最终效果。

二、刺绣

刺绣常常应用于14针以上的细针毛织服装上，可以用在内衣或春夏服装。绣花多以局部绣花为主，刺绣的特点与印花比较。一是在色彩图案上更加明亮；二是在刺绣工艺上图案轮廓更为规整；三是刺绣后在服装的表面形成一定的肌理（图3-51）。

图3-50　多色渲染　　　　　　　　图3-51　图案刺绣

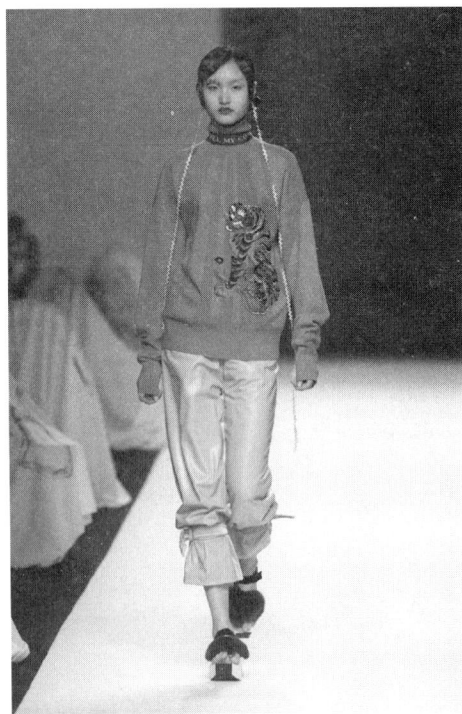

三、印花

印花在毛织服装中分为胶印和水印，又分满地印花和局部印花。满地印花指整一件衣服全部印满了图案，这种印花总是以四方连续纹样的形式出现的。局部印花通常为胶印，是在服装的重点部位印上图案。由于企业环保意识加强，印花这一需要大量染色剂的工艺在毛织服装上的使用渐渐减少，电脑横机编织的提花和嵌花已能满足大部分图案设计效果。

四、烫钻

烫钻装饰工艺是将一种闪光的装饰片组成图案胶版后，用专业的压烫机械压烫在衣服需要装饰的部位。市场上有专门用于服装装饰的完整的珠片式图案商品，在毛织服装上主要应用于12针以上的细针种毛衫上有较好的效果，而且胶面的附着性也更强（图3-52）。

五、钉珠

钉珠装饰工艺是将珠片用线按照设计的图案装饰要求钉缝在被装饰的部位。用以钉装的珠片材料主要有金属材料、塑胶材料、聚酯材料三种。用以钉珠的珠片造型丰富多彩，千变万化。钉珠装饰可以适用于粗细针种不同的毛织服装上（图3-53）。

在应用珠片装饰的形式上有满地钉珠装饰和局部钉珠装饰两种。钉珠装饰一般情况下比烫珠装饰中使用的珠片颗粒和密度更大，不仅立体感强、光感强，而且不同造型及叠合方式，其层次感明显不同。

图3-52　整体烫钻

图3-53　局部钉珠

六、流苏

流苏装饰是毛织产品的一大特色，主要应用在衣服的下摆、裙子的裙摆、毛织披肩的周边、围巾的两端。毛织服装的线圈结构，非常有利于各部位进行流苏装饰。流苏装饰在形式上能为服装增加层次感和节奏韵律的美感，深受消费的青睐（图3-54）。

图3-54　流苏

思考与练习

1. 选取一个上衣或自画一款上衣，然后将其按织片拆分，并分别画出其织片形状，写出各部位名称。

2. 搜集四款毛纱，描述其特征及制作服装的优点和效果。

3. 什么是毛织嵌花工艺？什么是毛织提花工艺？两者有何区别？

4. 搜集十款不同花型的服装，写出其花型特点及编织方法。

5. 整理或搜索当年的流行色，制作十个流行色搭配图，描述其搭配特点。

6. 根据学习内容搜集毛织服装装饰形式的图片，描述装饰的特点。

基础理论——

毛织服装分类

> **课题名称：** 毛织服装分类
>
> **课题内容：** 按着装对象分类
>
> 按季节分类
>
> 其他分类
>
> **课题时间：** 1课时
>
> **教学目的：** 了解毛织服装的各种分类。
>
> **教学方式：** 讲授法、讨论法

第四章　毛织服装分类

第一节　按着装对象分类

服装分类是服装文化的一个重要部分，也是人类文明进步发展的必然。

一、按性别分类

人类的性别差异在着装上有着较明显的区别，可分为男装和女装。这些区别主要表现在款式造型、色彩搭配、装饰纹样等方面。虽然地域、文化、信仰、民族习俗有不同，但相同地域、文化、信仰、民族习俗的人在着装上的性别表现都有着共同的特点。

服装款式造型的性别区别具体表现在，成人男装在造型上简洁，多以对称结构，显得稳重，特别是在领子、袖子造型上干净利落、不拖泥带水，在整个服装的廓型上以H型和T型应用最为广泛。女装在款式造型上丰富多彩，且不拘一格，男装的造型元素也可应用在女装上，但依然显示着女装的特点。女装的廓型多以A型、O型、X型为基本型，着重体现女性的身材体型和浪漫的情怀。男女装在门襟叠式中使用男左女右的形式，就是男装左襟叠在右襟的上面，女装相反。

在服装色彩方面，通常情况下男装使用的色彩在纯度和明度上相对于女装要低，色彩搭配上显得单调统一；女装色彩较为艳丽而丰富。

在服装装饰方面，男装装饰讲究少而精，在毛织服装上除了应用编织花型装饰外，编织花型也是非常讲究编织工艺和花型特点，很少额外附加装饰品。装饰在女装毛织品中应用非常广泛，除编织花型外，其他如钉珠、印花、流苏、扎染等都有极大的表现空间，而且装饰部位也是不拘一格。

二、按年龄分类

服装具有表现一定的年龄性格的特征，随着社会、经济、信息、人际关系和社会形态及意识上的变革，人们获得资讯的渠道十分畅通，各种观念的形成与改变也很快实现。儿童的自我独立意识不断增强，成年人的浪漫生活丰富多彩，由此带来的是儿童容易显成熟，成人不易显衰老的社会景象。因此，儿童、少年的年龄显得普遍缩短，少年、青年、中老年的年龄显得普遍滞后延长。人的年龄有三种表现方式，一是生理年龄，指的是对象的实际年龄；二是心理年龄，指的是对象对待事物的心态所反映出来的年龄倾向；三是表象年龄，是指从对象的外表所表现出来的年龄面貌。这三者有着既独立又相互依存的关系，现代和未来社会的人们越来越关注个体的心理和表象年龄，未成年人越来越趋向心理年龄和表象年龄的成熟化，中老年人越来越趋向于心理年龄与表象年龄的年轻化。这是高度物质文明和高度精神文明下的人类社会的发展表征。这种追求心理年龄和表象年龄的欲望，因与服装的款式、色彩、装饰达成最佳默契而得以完美展现。

在服装设计中对服装的年龄是有一定的定位，但在现实生活中人们的穿着却不一定完全如此，这里简单以年龄段划分服装的类别，可以作为专业设计人员的参考。

从年龄上可把服装分为童装6～12岁，少年装13～17岁，青年装18～35岁，中青年装36～50岁，中年装51～65岁，中老年装为66岁以上年龄。

1. 童年装

童装划定的年龄对象是6～12岁的儿童。这个年龄段的儿童身体总高度约为5.5～6.5个头长，躯干形态匀称，上肢长度比身体总长的2/5略短一些，下肢长度比身体总长的2/5略长一些。男童比较好动，服装要相对宽松而线条简洁；女童比较安静乖巧，服装造型要显得可爱且楚楚动人，裙装是女童喜爱的服装之一。

总之，儿童天真无邪，活泼可爱，好奇与猎奇心理很强，毛织童装中，图案、色彩等装饰是至关重要的元素。男童喜欢以卡通中的英雄的形象、可爱动物、植物为素材的设计（图4-1）；女童喜欢花草、格纹、荷叶边及颜色变幻的装饰（图4-2）。

图4-1 男童毛衣

图4-2 女童毛衣

2. 少年装

年龄设置在13～17岁的少年，少年进入了人体发育的青春期，少年的身体总高度约为6.5～7.5个头长，随着年龄的变化，躯干已形成较明显的胸部、腰部和臀部体型。男少年肩部增宽，腰部缩小，臀部变窄，四肢骨骼较为明显并形成一些肌肉；女少年胸部隆起，腰部变细，骨盆增宽使臀部变大，四肢发育均称且皮肤有较好的弹性。

身体发育使体型上的变化对男女装有了明显的性别差异，但在服装上还没有明显地以表现男性体型和女性体型的造型，只是服装上衣的领、开襟、袖子、口袋，裤装的开襟形式，口袋等造型上分别注重了男女装的设计要素，在服装的无条理分割和长短错乱搭配上显得自由而求异（图4-3）。

图4-3　少年毛衣

3. 青年装

青年的年龄设置在18～35岁，青年时期的体型已完全成熟，且相对稳定，身体总高度约为7.5个头长，躯干的胸部、腰部和臀部形态具体。男性青年肩宽，胸部显得结实，腰部扁平，臀部变窄，四肢骨骼肌肉粗壮；女性青年胸部丰满，腰身细圆，臀部变大，体态丰腴，四肢健美，富有弹性。

青年服装款式特点主要体现青年性别特征，青年服装款式的性别特征非常明确（除一些中性服装）。男性服装强调整体而有创意，具有青年男性特点的服装元素有很多，如坚硬、刚强、严谨、豁达、宽厚、憨畅、威严、时尚、风流等（图4-4）；女性服装则注重体现女性身材的优美和提炼女性的优雅气质，追求时尚主流。具有青年女性特点的服装元素有妩媚、开放、典雅、浪漫、华丽、高贵、青春、热情、疯狂、奔放等（图4-5）。

4. 中青年装

中青年年龄设置在36～50岁，中青年时期的体型开始发生变化，身体总高度与头长的比例不变，但最大的变化是躯干的胸部、腰部和臀部三者之间的关系。普遍来看，男中青年身体开始发福，肌肤略有松软，腰部肚皮逐渐突起，腰位下移，臀部因肚皮前挺而略有前倾，四肢出现皮软肉松状态；女中青年胸部略有下坠，腰身松圆且肚皮亦略下坠，臀部变大且略平挺，体态尚丰腴，四肢肌肤弹性下降。

中青年服装款式特点与中青年时期的体型变化关系密切，特别是女装，由于女中青年体型变化，服装款式的设计一方面围绕体现中青年的事业有所成后的满足感为方向，另一方面则是对有所改变的体型进行修复性和遮掩性为主的设计，强调女性的优雅华贵之气。这一时期男性服装强调整体协调，具有男性特点的服装元素有很多，如豪情、严谨、沉稳、魅力、豁达、宽厚等。具有女性特点的服装元素有典雅、含蓄、文静、浪漫、华丽、大方、高贵等（图4-6）。中青年服装的装饰上继承和发扬了青年时期已经稳定的装饰元素，无论是色彩、花型、提包、首饰等都有独立完整的个性体现，固定的品牌服饰成为这一时期的重要表现。

图4-4　男青年毛衣

图4-5　女青年毛衣

图4-6　中青年毛衣

5. 中年装

中年年龄设置在51～65岁，中年时期的体型在中青年体型变化的基础上增加了变化的幅度，身体总高度与头长的比没有改变，中年时期的三围变化在中青年期的基础上略有夸张。普遍来看，男性中年肩部、胸部、腰部、臀部不如中青年丰实而显松垮；女性中年胸部继中青年更有下坠，腰身松软且肚皮下坠，臀部变大且平，肌肤弹性不够，表皮有皱纹。

中年服装款式特点一样与其体型变化关系密切，特别是女装，由于女中年体型变化，服装款式上继续体现中年人的事业成就感，注重体现女性身材修复和遮掩，款式上总体趋于保守。这一时期男性服装强调整体协调，具有男性特点的服装元素有很多，如严谨、沉稳、豁达、宽厚、慈祥、安乐等。具有女性特点的服装元素有华丽、古典、沉静、优雅、高贵等（图4-7）。

图4-7　中年毛衣

图4-8　女性老年毛衣

6. 中老年装

中老年年龄设置在66岁以上，步入这个阶段的人们虽然慢慢走向老年，凡身体健康、身材较好的中老年人在服装通常会偏向中年人的着装感觉，而中老年至老年时期，如果在体型上发生横向和纵向上的较大改变时，偏向老年的状态就更为明显。特别是相当一部分老年人体型发胖而或虚肿，一少部分老年人身体变瘦弱。他们身高随着年龄的增高而不断萎缩，有部分甚至驼背、躬腰，肌肤没有弹性，表皮皱纹明显增多，四肢活动幅度明显变小。因此，对于老年人的着装除注意对其所改变的体型进行修复性和遮掩性为主外，他们不太喜欢合体服装给自己带来的束缚感，喜欢简单、宽松、舒适的服装。这一时期男性服装强调统一协调，服装元素体现沉稳、豁达、明快、宽厚、慈祥、安乐和同时有点小顽童之气；具有女性特点的服装元素有华丽、高贵等。在装饰上，老年服装的装饰除一部分仍继承和发扬了中年时期已经稳定的装饰元素外，在服装色彩、花型，提包，首饰等方面没有以前追求品牌和流行那么有兴趣，在服装装饰上喜欢传统喜庆的颜色，喜欢祥和图案，希望由此散发更多的健康活力（图4-8）。

第二节　按季节分类

传统的针织毛衣在季节表现上非常具有针对性，就是用来抵御寒流的，因为横编毛衣比较厚，通常是冬天来临时才穿着。随着电脑横机的普遍应用及细针种毛衣更进一步的发展，为横编针织毛衣的设计提供了非常大的空间，毛衣的季节性表现更加丰富，四季表现更加清晰。

在全球范围内，除了两极只有冬天与赤道附近只有夏天外，其他各地都有着相应的季节变化，越靠近两极，冬季越长，夏季越短或不明显；越靠近赤道，夏季越长，冬季越短或不明显。凡有季节变化的地方，春秋季节在气温上比较接近，因此就有春秋服装相似的定义；夏天普遍比较热，在服装上有独立的夏装；冬天比较寒冷，就有相应的冬装。

一、春秋装

春秋季节在气温上较为接近，在四季明显的地区，春秋两季处于气温偏低的时节。春秋毛织服装在厚度上比夏装厚实些，在款式上比夏装对人体的遮盖性强一些，如夏天的短袖、短裤就不适合春秋季节穿着。春秋两季在自然特征上有较大区别的，给人的着装心理带来一些差异。一方面，如春季是由冬天的寒冷转向温暖，衣服是由厚实的冬装变化为较薄的春装再到更薄的夏装，人们接受的是一种着装递减的规律；秋季是由炎热的夏天转向寒冷，衣服是由轻薄的夏装到较厚的秋装再到更厚的冬装，人们接受的是一种着装递增的规律性。春秋时节，各针种毛衣都适合这两季，但色彩上具有很大的差异。春季从万物凋零到百花齐放，表现出生命的生机兴旺，因而春装也表现出生意盎然的特征；秋季是万物由兴盛走向衰败，服装的色彩也转为比较深沉暗淡的方向（图4-9）。

二、夏装

夏季天气候炎热，夏装要具备适合高温下穿着的基本功能，对散热、吸汗、透气性都有较高的要求。14G以上的细针种毛衫适宜夏季穿着，编织密度也可稀疏一些，花型可选用挑孔、纬平针、泡泡纱、抽条、嵌花等。毛纱可选用细纱支的天然毛纱，如棉纱、麻、蚕丝、竹纤维纱、大豆纤维纱、冰丝植物纤维等。夏季介于春秋两季，这个季节阳光灿烂，明度较低的色彩容易吸热，故明度较高的色彩成为夏季首选，对于夏天特有的重质感的自然色也有较好的对比调和作用（图4-10）。

三、冬装

在寒冷季节穿着的服装称之为冬装，毛衣的传统穿着方式是将其穿在内衣或衬衫与外衣的中间，主要用于保暖。现代冬装毛衣外衣化特点越来越明显，款式丰富多彩。冬天寒冷，世间生命多处于高度的自我保护状态，如动物休眠、植物落叶等，使得大自然显现出较为单一的色调。毛织冬装一般是采用粗针种织机编织或细针的提花加厚制成，花型组织因为不受针种和厚度的约束而更加丰富，较多使用中性的和明度较暗的颜色（图4-11）。

图4-9 春秋毛衫   图4-10 夏季毛衫   图4-11 冬季毛衫

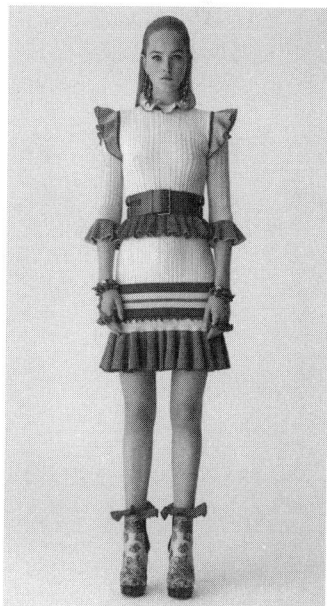

第三节　其他分类

毛织服装的分类还有其他方法。

一、按编织方式分类

按编织方式主要可分为手工编织和机械编织两种。手工编织有手工直针编织和手工钩针编织；机械编织是使用手摇横机和电脑横机编织。

二、按针种分类

毛织服装按针种可分为粗针毛衣（图4-12）和细针毛衣（图4-13），按照横机织针分为1.5G、3.5G、5G为粗针，织片表面质地肌理粗犷；7G、9G为中等粗针种，织片组织清晰；12G、14G、16G、18G为细针，手感柔软，组织不如中等粗针那么清晰，但编织提花产品则效果更佳。

图4-12　粗针毛衣　　　　　　　　　　图4-13　细针毛衣

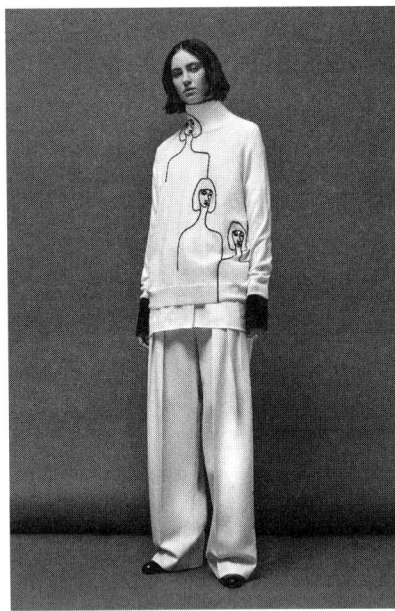

三、按材质分类

毛织服装按毛纱的材料质感可分为羊绒衫、羊毛衫、羊仔毛衫、兔毛衫、驼毛衫、马海毛衫、牦牛绒衫、棉织毛衫、腈纶行衫、真丝毛衫以及各种混纺毛衫等。

四、按着装部位分类

毛织服装根据人体穿戴部位可分为上衣、裤子、裙子、帽子、围巾、手套、袜子、鞋子等。

思考与练习

搜集数款服装，描述其分类情况及特点。

毛织服装设计

课题名称： 毛织服装设计

课题内容： 毛织服装设计的条件与流程

　　　　　　毛织服装设计的形式美要素

　　　　　　毛织服装设计的形式美法则

　　　　　　毛织服装设计风格

　　　　　　毛织面料与其他面料组合设计

课题时间： 5课时

教学目的： 了解毛织服装设计的条件与流程，掌握毛织服装设计的形式美要素、法则，懂得分辨毛织服装的设计风格，了解毛织面料与其他面料的组合设计。

教学方式： 讲授法、展示法、讨论法、体验法

第五章　毛织服装设计

第一节　毛织服装设计的条件与流程

一、毛织服设计的特点

设计具有意匠、制订计划、拟定方案、创造之意，毛织服装设计主要是指款式、色彩及装饰的方案形成，是一种形式感的设计，这种设计是将人们头脑中的设想和意图通过绘图和文字表现出来，成为具体的看得见的形态。设计具有形式和内容的共生性，它们是美和实用的共同体。

毛织服装设计是实用艺术，是适用性、经济性、审美性、创造性为共同条件的艺术加技术的活动。从事毛织服装设计与进行其他种类的服装设计一样，是在为实现实用美、艺术美与人体美而进行的科学与艺术与技术的综合性活动。毛织服装设计是服装设计的一部分，主要研究两方面的问题。一方面，毛织服装是通过线圈结构编织的衣片，衣片过于柔软导致塑型的不确定性，因此，要认真研究毛织服装的款式成型与美的关系。另一方面，现代毛织机械的迅速发展，开创了毛织服装业史无前例的毛织成衣新时代，毛织服装可以根据设计师的意图直接生产与服装相匹配的且花样品种丰富的面料。因此，毛织服装设计师不仅要研究服装的款式还要研究面料花型。

二、毛织服装设计的要素

1. 着装对象

着装对象有两种思考，一是定制对象，主要考虑对象的年龄、体型、职业、气质、形象、肤色、民族民俗特点；二是为某一服装品牌所定位的人群设计，这种对象往往只考虑年龄和职业。

2. 着装时间

什么季节穿什么衣服已成为现代人着装的生活标准了，一年分四季，应该思考季节冷暖差异及季节环境的变化与着装之间的关系；另外一日分昼夜，应思考昼夜温差或昼夜生活方式的不同与着装之间的关系。

3. 着装场所

人们所到之处都有着特定的自然环境和社会环境，自然环境主要是地域环境如高原、平原、草原、山区、城市、乡村等；社会环境就是人们日常生活、工作、休闲、娱乐等环境。不同的地域有着不同的地域文化环境、生活方式环境，因此，着装时应思考服装的款式、颜色是否与对应的场所相协调，服装的图案是否有地域民族意识上的忌讳。

4. 着装意图

从服装的实用功能与艺术价值体现的角度思考着装对象的意图与目的。服装的实用功能表现为保护身体，这种情况体现在两个方面，首先对于生活水平不高的人而言，服装保护说的意义就是蔽体保暖；其次对于从事特殊工种的人而言，服装保护说的意义就是防止身材受到伤害，或有利于工作。服装的艺术价值表现为装饰人体，反映出人们生活的质量以及个人的身份和社会地位。人作为爱美的高级动物，不管生活水平怎么样都会从服装上去追求一时的自我。经济不够宽裕的人们逢年过节和走亲访友时穿上新衣服，将自己打扮一番；经济条件好的人们则可以找各种理由来体现个人的生活情趣与着装品质。

5. 着装感受

人们着装会带来什么样的感受？设计师要从以上四个方面综合考量寻找答案，如服装的结构能否满足人体伸与曲的舒适度；款式造型是否体现个人气质特征；选材是否符合款式造型或职业要求；色彩是否体现与环境协调统一，并达到令人赏心悦目的目的；花型纹样是否别致；工艺是否精湛等。如果这些回答是肯定的，那么设计就是成功的。

以上五个要素是服装设计要思考的基本条件，把这些思考做成一个设计方案，就可以进入设计的流程阶段。

三、毛织服装设计的流程

毛织服装设计的流程包括了从构思到成品的全过程。从事毛织服装设计工作有着不同的类型：如毛织服装品牌企业做品牌开发的设计师团队；从事毛织服装工作室的设计师团队；毛织服装生产加工企业的设计师；服装专业学校学习毛织服装设计专业的师生；还有毛织服装编织的爱好者等。这些团体和个人的工作性质不同，设计流程的程序也有所不同。

1. 产品开发类

毛织服装品牌企业的设计团队、毛织服装工作室与毛织服装生产加工企业的设计师，这三种情况的工作性质基本一样，都是以开发产品为目的，其产品设计流程是：

区域市场调研→流行资讯评估→调研与评估结果指引→设计方案形成→设计方案评估→设计方案修正→设计方案实施→初稿→定稿→选材→电脑画花→织小样片→核算编织数据→织衣片→织下栏→缝盘→间纱→挑撞→装饰→洗水→定型→成品→试样→修改数据→重新制样→定样→技术数据定案→批量生产→销售→专卖店→批发销售→广告→信息反馈→市场占有评估。

2. 院校类

毛织服装设计专业的学生以就业为目的，主要去向是为企业开发产品，因而应掌握以上关于产品设计与开发的基本流程知识，并到企业进行实践。除此之外，专业教师通常鼓励学生参加一些专业设计比赛，作为提高学生专业技能的教学手段，这种设计有着特殊的设计流程。具体如下：

分析大赛主题→分析历届作品风格→分析当前流行→确定个人设计主题→查找资料→设计款式初稿→筛选款式初稿→确定款式→画出人体→人体着装→描绘花型→上颜色→装饰画面→画出款式图→选取毛纱材料→电脑画花→编织花型小样→撰写设计说明→完成设计者资

料信息→检查稿件是否完整并是否符合要求→寄稿。

参加服装设计大赛通常是进入复赛之后才要制作成衣，选手收到复赛或决赛通知后就应抓紧时间制作成衣，所制作的成衣应与参赛效果图一致，制作毛织服装成衣的基本程序如下：

筹备材料→电脑画花→编织小样片→核算编织数据→织衣片→织下栏→缝盘→间纱→挑撞→洗水→定型→装饰→成品→试衣→调整搭配→拍照片（方便表演时正确穿着）→按套分开打包→选取表演音乐→刻录音乐→复赛报到→赛前抽取出场号→赛前模特试穿→赛前彩排→现场表演。

3. 毛织爱好者

毛织服装编织爱好者是一个庞大的人群，作为一种有特色且制作方便的生活和休闲手工艺，在全球各地都较盛行。一般使用的工具是竹纤或金属纤或钩针。手工编织毛衣的材料与横机编织的材料有所不同，横编织机编织毛衣用的是较细的毛纱，手工编织的毛线一般是选择与纤子粗细相一致的毛线。具体编织成衣的基本程序如下：

构思款式→选取纤子种类→选取毛线→核定起针针数→编织衣身→留袖窿→分织前后片→接肩逢→接袖笼口织袖→接领口织领→成品。

第二节 毛织服装设计的形式美要素

形式是物体存在的形态，分内形式和外形式，内形式是物体的内在结构形态，外形式是物体的外部结构形态，也包括装饰形式。服装设计的外部结构形式就是服装的物质性内容，包括材料、结构、造型；服装的装饰形式是指设计的精神方面的内容，包括符号、纹样、标志、色彩等。这里主要讲述服装的装饰形式，构成服装装饰形式的基本元素是点、线、面、体。

一、点在毛织服装设计中的表现

1. 点的概念

点一般用来表示位置，具有空间位置没有上下左右的连接性与方向性，这是一个抽象的概念。在艺术设计中点的意义是有具体形状、质量、色彩的客观存在，是装饰造型的最小元素。点的形状包括平面形状和立体形状，规则形的点和不规则形的点。点的质量指点的大小、软硬及点的表面粗糙与光滑等。

2. 点的性格

点具有活泼、好动的内在性格和灵光闪亮的外在性格。点在不同的环境具有不同的性格表现。如孤立的点显得宁静；相对的两点显得平稳而有距离；多点平衡排列显得平静；多点起伏排列显示节奏与韵律；多点无序组合有放射、分散、跳耀之感；位于中心的点显示出凝聚力，让人有窒息的感觉；偏离中心的点有显示运动、指向的感觉；规则的点显得规范亲切；非规则的点显得随意、无拘无束；平面的点显得安静；立体的点显示出较强的视觉冲击；大点显得刚硬，小点显得柔和；大小渐变的点显得动感而有方向感。

3. 点在毛织服装设计中的装饰应用

点在毛织服装装饰中形式多样，并且总是显得引人注目，形式包括：平面点饰、立体点饰、着装配饰等（图5-1、图5-2）。

（1）平面点饰：有编织的点饰组织、提花，还有印花、绣花及手绘装饰。

（2）立体点饰：口袋、吊球、纽扣、蝴蝶节、钉珠、胸针。

（3）着装配饰：领结、耳环、发夹、戒指、手表、手镯、手提袋。

图5-1　毛衣平面点饰

图5-2　毛衣立体点饰

二、线在毛织服装设计中的表现

1. 线的概念

线是点移动的轨迹，任意两点连接起来便成为线。艺术设计中的线具有形状、质量、色彩等特质，与点不同线具有方向性。线的形状有直线、曲线、虚线，直线包括水平线、垂直线、斜线、放射线等；曲线包括圆形线、波纹线等；虚线包括各种间断连接的线。线的质量是指线的长短、粗细、软硬等。

2. 线的性格

线相对于点而言，其情感表现更加丰富。首先，它具有很强的方向性，会将人的心理引向人们所要捕捉的目标和目的地；其次，线具有极强的表现力，在服装设计造型和装饰中呈现出千姿百态的性格特征，是服装设计不可或缺的重要表现元素。不同的线具有不同的性格：

（1）直线：具有刚毅、直挺、单纯、独立的性格。

（2）垂直线：显得挺拔、严肃或修长、婷婷玉立。

（3）水平线：显得沉默、安静或延伸、自由舒展。

（4）斜直线：显得摇摆不定、倾斜不安或动荡、飘逸。

（5）放射线：显得奔放、闪烁、跃动而梦幻。

（6）曲线：具有温柔优雅、动情婀娜的性格。

（7）圆形曲线：显得丰满柔美或膨胀臃肿。

（8）波纹曲线：浪漫轻舞、优雅情调。

（9）虚线：具有若隐若现、若有若无、琢磨不定、藕断丝连、形影不离的感觉。

（10）粗线：显得厚重强劲；细线：轻盈灵动；长线：妩媚娇柔；短线：坚定理性。

3. 线在毛织服装设计中的装饰特点

线在毛织服装设计中的装饰应用形式繁多，具体有结构装饰、分割装饰、图形装饰等。

（1）结构装饰：结构装饰是指服装与人体的相对应的结构线设计，使服装的结构更完美，更具装饰功能，如领线、衣襟线、袖窿线、褶缝线、袋口线、缝合线等（图5-3）。

（2）分割装饰：分割装饰是指服装上进行平面形状分割而形成的线，这种线主要用于变换材料进行的拼接，改换花型进行的拼接，或改变视觉上的统一性等。如将罗纹、扭绳等组织进行横向或斜向拼接，毛织织片与其他面料组合设计时的拼接等，都有相应的拼接线（图5-4）。

图5-3　线的结构装饰

图5-4　线的分割装饰

（3）图形装饰：图形装饰分平面图形装饰和立体图形装饰。

①平面图形装饰：在毛织服装设计中，平面装饰的线条图形可用组织或提花形式表现出来；在单边组织中可采用间色、印染或手绘的手法来表现（图5-5）。

②立体图形装饰：在毛织服装设计中，立体装饰的线条使用很广泛，如组织编织中的扭绳、坑条、罗纹、绞花条形都具有立体的肌理（图5-6），或是毛衣上的流苏装饰、腰带装饰、线条状的钉珠装饰等。

图5-5 毛衣上线的平面装饰   图5-6 毛衣上线的立体装饰

三、面在毛织服装设计中的表现

1. 面的概念

面是线移动的轨迹，具有二维宽度的平面空间，是点的放大。面可以延伸至无限，面是服装设计的主体，作为服装设计的面是有边有形的。面具有形状、面积、质量、色彩，面的形状分几何形、有机形、随意形等。几何形包括圆形、方形、三角形、菱形等。有机形是指自然界动植物的投影形态，如人物、虎、牛、马、象等，小的动物如昆虫类等，植物如树、叶、花、果等形状。任意形如山、河、石头等投影形态。

2. 面的性格

面的情感丰富，性格多重，它随面的形状变化而变化。如几何形的面，显示出理智、秩序之感。有机形的面情感更加鲜明，如虎形的面彰显威严；象形的面显示温存；水果形显示甜美；树形显示阴凉等。随意形表现为自由奔放，如山形无所拘束，水形蜿蜒柔美，还有生活用品的面形可爱赏心、建筑物造型的面显得亲切有安全感。

3. 面在毛织服装设计中的装饰应用

面是服装造型的主体，在服装设计中，面经过切割、组合、旋转、重叠形成服装设计所需要的面。面的装饰可分为以下四种：

（1）面，指的是利用毛织服装织片不同花型的肌理和纱线本身的色彩进行装饰。在毛织服装设计中，往往无现存的面应用，都是以单条毛线编织成面（图5-7），因此，在设计中首先要考虑面的结构造型，考虑面与人体的关系，是合体还是宽松。因毛织服装弹性好，可直接塑造人体的造型，而无须其他辅助装饰，就使人身的美感展现得淋漓尽致。

（2）面的整体装饰，是指以完全布满图案的面进行服装设计，服装的造型和其他装饰都是为展示这一图案特征的面服务的，并以完全布满图案的面来展现着装者的风采与气质（图5-8）。

（3）面的局部装饰，毛衣上面的局部装饰是通过对毛衣某一局部进行突出的装饰，如在胸前做提花、在领面钉珠片、在衣身拼布（图5-9）等，以体现服装风格特点，达到吸引接受者视觉的目的。

| 图5-7　面的纯衣片装饰 | 图5-8　面的整体装饰 | 图5-9　面的局部装饰 |

（4）改变面的平面肌理，改变面的平面肌理是通常所说的对面料的二次设计，将平面通过钉、扎、抽等方法，使平整的面料上形成各种有起伏造型的肌理效果。

四、体在毛织服装设计中的表现

1. 体的概念

体是一个具有三维空间的实体，人们生活的现实中就是立体的世界。在艺术设计中的体是点、线、面的有机组合，把它们任何一个元素进行长宽深的扩展就成了有体积的立体物。体有着自身的位置、长度、宽度、深度、重量和色彩，占有实际的空间。体的形成可分几何体、有机体和偶然体。几何体有球体、正方体、圆柱体、圆锥体等；有机体如自然界动植物的形体；偶然体是人们有意或无意创造出来的物体。

2. 体的性格

体的空间实体是体存在并被视觉和触觉所感知的一个物象，因此它更像在自己空间里储藏着思想和情感。如几何体会让人展开空间想象；有机体则亲切而有活力，赋有生命的迹象；偶然体有如天马行空浪漫无限的空间体创意。

3. 体在毛织服装设计中的装饰应用

体是服装存在的客观实际，服装就是由面的分割组合形成的体。一方面体是起着装饰整个人体的作用，另一方面又在服装这个体的表面，塑造装饰的体来丰富该体的表面内容。因此，体在服装装饰中包括主体造型、从属体造型装饰、整体搭配等。

（1）主体造型装饰：主体造型装饰就是指服装造型学说中的X型、T型、A型、O型、H型。

（2）从属体造型装饰：从属体造型装饰是在主体造型上进行的，或者说是局部造型装饰，目的是丰富主体的造型内容，或对主体造型进行补充、强调。如领子使用的圆锥体、方体、有机体和偶然体的造型；袖子使用的球体、袖身使用的龙骨体、袖口使用的喇叭体等；还有附着在主体表面的附属体的局部进行立体的装饰，如立体的口袋、蝴蝶结、立体的钉饰、挂饰等（图5-10）。

（3）整体搭配装饰：是指服装以外与着装相配套的立体物，如帽子、手套、鞋子、臂套、腿套、提包、背包等。

图5-10　从属体造型装饰

第三节　毛织服装设计的形式美法则

服装设计要完成的任务是达到两个方面的目的，一是把人本身的美体现出来，二是通过人把服装的美体现出来。人体的美是先天的自然美，服装的美是可创造的艺术美，二者可以在不同时空下进行互换，当把人体进行艺术处理成为艺术品时，这时人体展现的是艺术美，当服装只是一种遮身蔽体的工具时，呈现的是一种朴素的自然美。自然美是艺术美存在的客观属性，艺术美是对自然美的一种超越和升华。如何达到超越、升华自然美的艺术美呢？那就是以形式美的规律对自然美进行整理、组织、创新、再现，通过使用这些艺术手段处理得到一种和谐统一的美。形式美是一种视觉心理的反映，经过长期的艺术实践总结出来的一种美的规律。下面介绍七种关于形式美的基本法则。

一、对称与平衡

1. 对称分为点对称和轴对称

点对称是以某个点为中心，实现全方位对称，如正圆；轴对称就是以纵轴或横轴分左右或上下对称。由于人的体型是左右对称的，所以，服装的造型通常是采用左右对称形式。对称具有非常稳定的视觉感，有着庄重、呆板、安定、理智、秩序等情感特征。服装上的对称体现以前中开襟为中轴，衣身两侧的衣领、衣袖、裤腿、口袋、褶裥、省道、颜色、图案左右一致等（图5-11）。

2. 平衡是一个力学原理

分正对称平衡和非对称均衡两种形式。正对称平衡形式如上述对称，均衡是一种非对称平衡形式。均衡在艺术表现上不是质量轻重、形状大小的平衡关系，而依赖于人们的视觉所产生的一种美学上的平衡关系。这种关系是通过视觉中的轻重、大小、颜色和质量而产生的均衡感。

非对称平衡是艺术创作的最高境界。在视觉感受中，大的物体重、小的物体轻，重的物体大、轻的物体小，深色物体重、浅色物体轻，硬的物体重、软的物体轻。均衡具有轻快、活泼、动感、优美、大方、前卫、刺激和不够安分的视觉感受。在服装设计中均衡被普遍应用，如领子非对称、门襟方式非对称、衣片分割非对称，衣袖有无非对称、肩部有无非对称、口袋有无非对称，衣摆高低形状非对称、裤腿长短非对称、裙摆形状非对称，面料材质非对称、颜色使用非对称、图案装饰非对称等（图5-12）。

图5-11　对称图案装饰　　　　　　　　图5-12　非对称平衡

二、比例与尺度

1. 比例是构成美的数学概念

比例是用以比较事物间长度与宽度，局部与整体的尺寸关系。美的比例是人类在长期的生产生活和艺术实践中总结出来的，并存在于人们的日常生活中。这里简单说一下黄金比例。

黄金比例是希腊人发现并广泛应用于建筑设计的一种结构美学比例，其比例关系是 $1:1.618$。被得到广泛应用的黄金比例为 $3:5:8:13:21:34$ 等，即前两个比值数相加之和成为后一个比值数。希腊比例美学认为人的身高为8个头长，且黄金比例点为肚脐眼。比例点以上至头顶占3/8，比例点以下至脚跟占5/8。

比例在服装设计中的应用，一方面长度比通常使用的有腰节线、衣摆线、裙摆线、领口线、袖口线、脚口线之间的比或与人体各部位进行比较得出美的设计方案。另一方面是整体与局部的比，如衣服上的图案和装饰与整套服装的比；上装与下装之间的比（图5-13）；服装与帽子、围巾、手套、鞋袜、包包之间的长短大小之间的比等。在服装设计中的这些比例是通过分割和分配来完成的，分割是在同一件服装上进行裁剪再拼缝，如公主线、省道线、育克线、腰节线及其他各种拼接线；分配是在一套服装上进行件与件之间的比例分配，如一套服装的上下装长短与大小的分配、一套服装与配饰之间的长短大小分配，一套服装与零部件的大小位置之间的分配等。

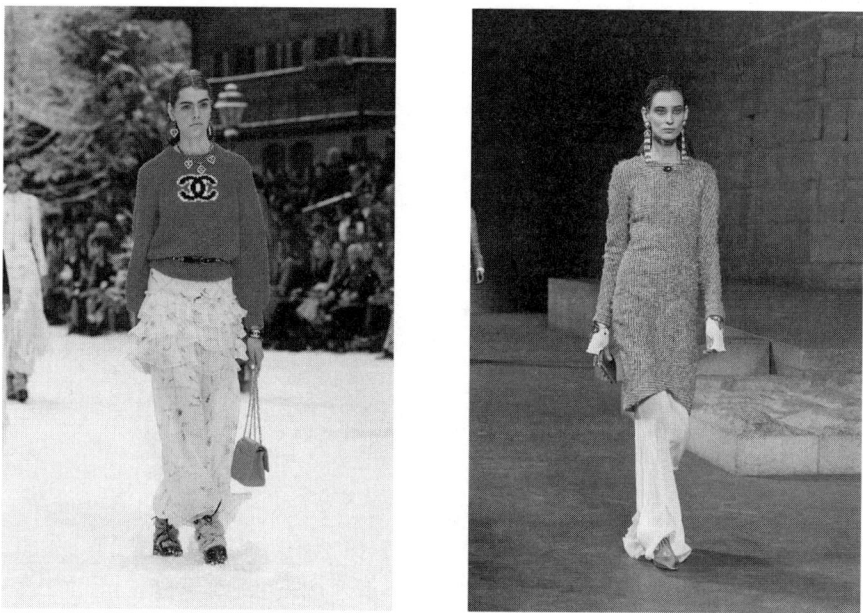

图5-13　上装和下装的不同比例

2. 尺度在毛织服装中的表现

尺度是事物在时空中所体现出来的长度、宽度。艺术作品的尺度包含了美的比例，一切设计都是为人的设计，即为了满足人的美的视觉感受和美的生活感受。服装设计的尺度分为自然尺度、审美尺度和道德尺度。自然尺度是为了满足人的穿着，主要从服装的功能性和舒适性进行比例分割与分配及材料上的考量。审美尺度是为了满足体现着装的美和满足欣赏者的视觉美感，主要从服装的造型、比例、颜色、质感等方面进行考量。服装的道德尺度主要是从伦理道德上进行考量，服装是为遮掩人体和御寒保暖及装饰人体服务的，其中它的遮掩功能就是伦理尺度的体现，如人体的某些部位是应该被遮掩或通过某种造型产生联想才体现美的价值，若裸露出来则毫无美感可言，甚至有伤大雅。因此，在进行服装设计时把握好这一尺度能使服装美感更具有神圣和神秘色彩。

三、对比与调和

1. 对比

对比是视觉艺术创作的灵魂所在，对比就是比较事物间的差别，目的是突出其中想要表现的内容。如艺术作品的创作总是通过虚实变化的对比产生强烈的艺术视觉效果。事物性质反差越大，对比就越强烈，越尖锐，视觉冲击越刺激。如果反差越小，对比就越温和，视觉冲击力越平淡。现实生活中如一个铁球与一个同样大小的棉球让人们感受到硬度和重量的对比；黑夜的天空与闪亮的礼花形成的光亮与黑暗的对比等。对比在服装设计中的应用常有以下几种：

（1）造型对比：主要体现宽松与紧身之间的对比。如上衣是粗犷宽松的毛织外衣配紧身裤，或修身毛衣搭配宽摆长裙（图5-14）。

（2）装饰对比：体现在复杂与简洁的对比，如一套满地提花毛织服装就显得很平常，如果只将提花置于肩部、袖口或下摆部分，其他部位为单色，那么就会对比出视觉点（图5-15）。又如毛织服装的组织花型中，通过在组织花型的旁边设计反针，用以对比出组织花型的立体感。

（3）材质对比：在服装设计中采用材质对比是很常见的，如毛织与皮革组合可形成一软一硬、一柔一亮的对比效果（图5-16）。

| 图5-14 造型对比 | 图5-15 装饰对比 | 图5-16 材质对比 |

（4）色彩对比：在服装设计中应用色彩对比内容很丰富，具体可参考前面所讲的色彩构成的内容。

2．调和

调和即调节之意，是将对立双方过分的矛盾冲突，经过第三者元素的介入而得到缓和。在艺术创作中，过分冲突形成对抗，就破坏了平衡，过分平淡显得单调沉闷。这些做法在设计中都是不可取的。

3．调和的方法

调和的方法是找到对立双方的共性，调和的过程做到让矛盾双方冲突严重的地方得到平缓，也要让过于平淡的地方有呐喊，这才是艺术创作的调和性。常见的调和方法及在服装设计中和应用如下：

（1）加法：在设计中为了让太平淡的沉闷的服装体现活泼、轻松的气氛，可以采用增加分割线、装饰口袋或色彩，让简单的设计如平静的水面上荡起涟漪阵阵。

（2）减法：如果让花哨的服装显得庄重一些，则可以采用减法，减去一些跳跃性强的元素，如减少分割结构和装饰，降低颜色的强对比，使冲突平缓一些。

（3）调整法：对于某些使用位置不合适的元素，应改变装饰的位置，突出应该强调的部分。

（4）置换法：在服装设计中有些内容与作品要求完全不一致，矛盾不可调和，就应该把它拿掉或换成协调的内容。

四、节奏与韵律

1. 节奏

节奏是指声音的波长随时间而产生传递的速度的快与慢、强与弱，这种快与慢反复连续出现就形成节奏。生活中的节奏常指音乐和舞蹈中让听觉和视觉咸受到的反复出现的强与弱、长与短的现象。将节奏应用到服装设计中能让服装产生动感并增强服装的动态美。节奏出现的形式主要有反复、连续、渐变等。

（1）反复：同一形态在同一条件下重复出现称为反复。在服装设计中如扣子、褶裥、缝迹，毛织服装组织中的坑条、扭绳、挑孔等。反复所产生的是一种秩序和规则的美感（图5-17）。

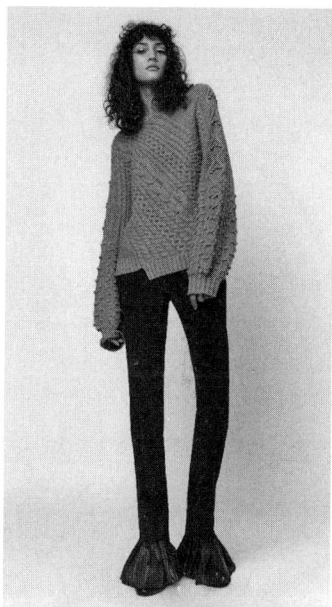

图5-17 组织反复

（2）连续：连续是将相近的元素串联起来，形成具有延续性的有强有弱、有明有暗、有聚有离的规则与不规则节奏形式，在服装上如连续的随意性褶皱（图5-18），或用橡筋收缩的工艺现象。

（3）渐变：渐变是逐渐发生变化，不是突然发生变化，是指一种形状或一种色彩按照一定比例有规律地递增或递减所形成的节奏性美感。如用大小渐变的扣子排列装饰，褶裥大小长短渐变，摆裙从小到大拼接，在毛织服装上使用吊染产生渐变的色彩效果最为普遍（图5-19）。

2. 韵律

韵律是随节奏而产生的一种优美的旋律，不是所有的节奏都是优美悦耳或令人赏心悦目的，但韵律往往是伴随着节奏的出现而产生的。韵律在视觉艺术中最突出的表现就是舞

图5-18 褶皱连续

图5-19 渐变毛衣

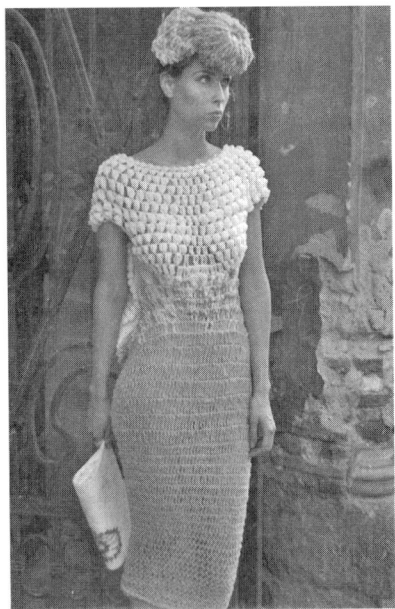

图5-20 色彩渐变的层次律动

蹈，优美的舞姿随节奏的变化如行流水。韵律在服装设计中一样与节奏同时出现，往往体现在服装上有节奏感的元素随人的行走而产生动感效果。在刘晓刚与崔玉梅老师编著的《基础服装设计》中将旋律分为以下六种形式：

（1）重复旋律：重复旋律在造型设计中，是同一造型要素通过重复、同一间隔或同一强度产生的有规律的旋律。重复旋律是最容易形成旋律美的方法，具有规律性、秩序性的美感，在服装上如纽扣排列、波形褶边、烫褶、缝褶、线穗等。

（2）流动旋律：流动旋律是一种没有规律，但在连续变化中能感受到的一种流动感的旋律。流动感的旋律具有强弱抑扬或轻快稳重等变化，如服装上的叠领、围巾、百褶大摆裙、叠层袖、叠层摆裙、流苏装饰等随人体有节奏的运动所产生的优美动感。

（3）层次律动：层次律动是按照等比等差关系形成的通过层次渐增、层次渐减或递进所产生的一种柔和、流畅的旋律效果。如服装设计中衣片层层重叠、多重拼接、色彩在服装上的渐变（图5-20）、不同服装材料有规则镶拼或重叠以及服装外形的层次变化，服饰品的层次排列等。

（4）流线旋律：流线旋律是通过服装材料自然的悬垂而产生的一种快捷利落、顺畅自然，平稳的没有抵触和冲突的流线美感。如体现女性优美曲线体形的服装造型、自然悬垂的或人工褶的运用等。

（5）放射旋律：放射旋律是由中心向外展开的旋律，如孔雀开屏、雨伞的骨架、花瓣的外张等都是放射性旋律的造型。放射旋律由内向外看有离心性，由外向内看有向心性，在艺术创作中的应用能增强艺术的感染力和创造力。在服装的应用上如伞形裙、喇叭裙的褶皱，毛织罗纹组织做的披肩、裙摆等（图5-21）。

（6）过渡旋律：过渡旋律又称中转调，是音乐术语，在音乐中如果自始至终都是一种调子，会给人一种枯燥无味的感觉，但如果中途突然改变调子又会让人觉得突然，所以音乐中总是有过渡调子。过渡旋律既可以表现出旋律的统一，又可以使旋律表现出变化，也能协调冲突。在服装设计中的应用如完全纵向的条纹连衣裙让人感觉太统一单调，如果在腰间扎一条横条纹腰带就可以改变暂时的纵向流动（图5-22）。在服装上对比太强烈的面料、款式、色彩，通过寻找中间过渡元素，使服装的各部分能够相互融洽，解决矛盾冲突。

五、强调与夸张

1. 强调

强调就是在作品中推出一个主题、一个中心或一个重点，使之形成一个特色、一个焦点。如在服装设计中，有些作品强调款式，有些作品强调色彩，有些作品强调材料，有些作品强调装饰，有些作品强调创意等。在服装的局部，有些强调领子，有些强调分割方式，有些强调口袋造型，有些强调肩部，有些强调袖子，有些强调下摆，有些强调缝纫线迹等（图5-23）。

| 图5-21　罗纹组织的放射旋律 | 图5-22　过渡旋律 | 图5-23　强调下身的毛衣 |

2. 夸张

在服装设计中夸张是对强调的内容进行放大，目的就是使强调的内容能够最大限度地受到关注。如在强调色彩的服装设计中，总是通过夸张色彩的情感效果。

对比效果来彰显出服装的特有魅力；另如以强调造型的服装则将服装整体款式或局部造型进行特别的塑造和强调，从而达到较好的艺术视觉效果（图5-24）。

六、错视

通过对设计要素进行位置或形状的调整，以改变人们经验性的视觉心理而产生的一种视错觉感。在服装设计中巧妙应用视错觉原理，将服装的造型、分割、色彩、图案等调整可弥补体型的不足。如圆脸短颈者穿着V字领可以产生颈部拉长的效果，身材瘦的人着浅色服装会显得体宽一些等。在服装设计的视错觉中有造型错觉、分割错觉、色差错觉几种形式。

1. 造型错觉

通过造型改变着装者的体型视觉，如H型、X型服装让人产生显高的视错觉，O型、A

图5-24 胯部夸张的毛衣

型的服装让人产生丰满的视错觉。

2. 分割错觉

将同一图形通过纵线或横线或斜线的分割，可以改变其外观的视觉效果。如相同的矩形进行纵线、横线、斜线、曲线的分割会产生不同的视觉感受，用于服装上纵线、曲线分割具有横向扩张性；横线、斜线分割具有纵向延伸性。因此，会使胖的人在腰部、膝关节部进行横向分割或进行横条装饰显苗条；瘦的身材则对服装进行纵向、曲线分割或进行纵向、曲线装饰会产生丰满的视觉效果（图5-25）。

3. 图纹错觉

图纹是指各种图案和条纹、格子纹。图纹在服装设计中所产生的视错觉效果有着丰富的表现。如圆形纹具有较强的扩张视觉，格子纹则有一定的收缩视觉。（图5-26）。

图5-25 分割错视

图5-26 图纹错觉

4. 色差错觉

色差错觉是通过色彩的明亮、活跃与灰暗、深沉的差异性产生的。如黄色、白色、橙色等明快响亮的颜色扩张性强，绿色、蓝色、紫色、黑色等深暗的颜色的收缩性强等。

七、多样与统一

1. 多样

多样是指艺术创作的各种元素是千姿百态、变化丰富、多种多样的。艺术作品内容的多样性为艺术作品的形式增光添色，有利于增强作品的视觉美感。在服装设计中，设计构成元素的多样性总体体现在三个重要方面。

第一，人的多样性，服装的主体是人，服装是为装扮人的美而服务的，而人又是最复杂的个体，如肤色、体形、年龄、气质、性格上的差别。

第二，人生活环境的多样性，包括自然环境和社会环境。自然环境如山区、平原、高原、草原等地理环境的不同，使人在生活习俗上产生很大的差别。社会环境如出身背景、成长背景、学历、职业、社会地位、社会关系等不同而产生出人对各种事物的不同观念。

第三，服装本身的多样性，不同服装有着不同的性格和气质表现，而构成服装的元素也是多种多样的。

服装设计元素的多样性启示我们在进行服装设计时不能只思考服装的某一方面，而应从一个社会人的角度思考服装与人有关的各个方面的构成因素，才能使设计的服装作品富有深意和视觉美感。

2. 统一

统一就是在艺术作品中建立一种和谐关系，让作品中的各要素相互达成和睦共处的基本原则，实现艺术作品的和谐美。统一与多样不是对立关系，而是一种辩证关系，它是将多种不同的设计要素进行巧妙的组合，实现更加引人注目的新颖统一的效果。统一的方式有很多种，这里介绍主体统一和呼应统一两种方式。

（1）主体统一：主体统一论是设计的中心论原则，在服装设计中总是有主体与客体的关系或主要与次要的关系存在。主体统一要求在服装设计中要树立一个要素为中心，然后围绕这个中心进行其他从属性要素的取舍，从而达到统一的效果。以服装风格为主体的设计，如前卫服装中各设计要素的应用，应以前卫风格为中心进行造型、色彩、装饰等各方面的协调性思考（图5-27）。

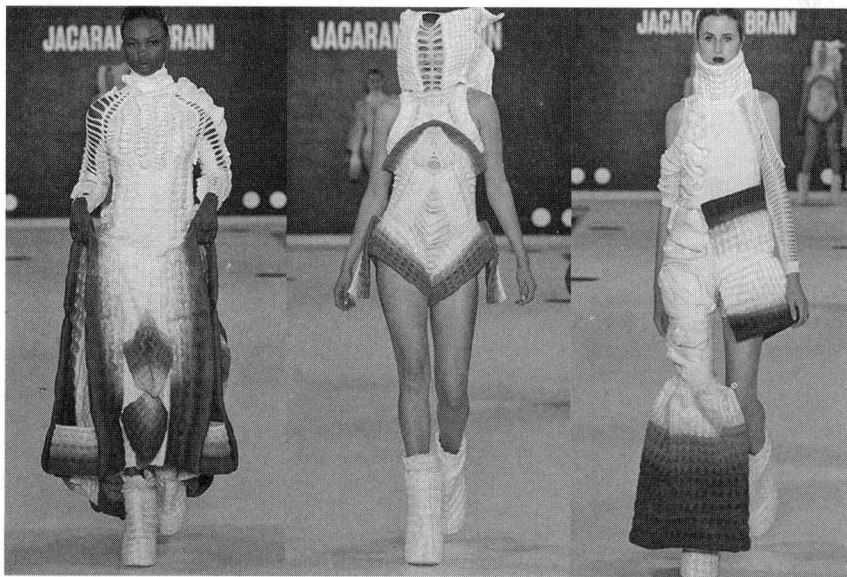

图5-27　主体统一

（2）呼应统一：是指在各要素之间寻找出一种能让整体与整体、整体与局部、局部与局部实现内在统一的共性。包括图案呼应、色彩呼应、造型呼应，还有装饰呼应、搭配呼应等。

第四节　毛织服装设计风格

对于服装风格而言，有广义和狭义上的风格内涵和外延。广义上的风格包括设计师风格、产品品牌风格和消费者的着装风格。这三者关系是有机结合的一个整体，是商业服装追求的根本目的。消费者的着装风格体现不一定指消费者具有某种艺术风格的特殊素养，只是不同的消费群体有着不同的审美情趣和自我表现的追求。狭义的风格主要是指服装作为艺术品所表现出来的形式和内核精神。创作者通过服装创作来传达他的声音，这种声音是作品的形式所放射出来的精神，冲击着欣赏者的视觉而使两者灵魂深处产生碰撞发出的一种变化。

服装是最贴近人们生活的艺术，从普通平民到社会名流都有各自的精神背景和灵魂信仰，因而复杂多元的社会成员构成社会各阶层。人们对于服装的需求尤其显得丰富多彩，千变万化，所以不可能只有一种或几种风格可以满足这么复杂的社会群类。服装风格种类有很多种，这里介绍六种常见的毛织服装风格。

一、民族风格

民族服装风格指在款式或装饰上，具有某种民族标志性特点或体现民俗文化内涵的着装形式。世界共有几百个民族，我们国家有56个民族，不同的民族都有着自己的民情和民俗特点，如中式唐装、旗袍，日本大和民族的和服、韩国的朝鲜族服装等。

毛织服装民族风格的创作，应以新材料、新工艺赋予民族服装新风尚，使民族服装的精神内容得到升华。如傣族直筒裙具有多种颜色相间的服装特色，运用毛织编织可增加直筒裙的弹性，使行走更为方便且造型更加有曲线美（图5-28），而且毛织编织可完全按色彩变化的需要进行编织，正如傣族姑娘自己编织布料一样；应用民族服装的斜襟设计时，可直接按吓数编织衣片形状，不需要裁剪就可以满足传统服装中斜襟设计的要求；在民族花型图案方面可用电脑提花编织出精美的、具有民族特色的提花图案进行装饰等。

二、经典风格

经典服装风格就是既经久不衰又有典型意义的着装形式，这与民族服装具有相同之处，但民族服装具有浓烈的民族情结并有着民族象征性，而经典服装没有这一特性。

经典的毛织服装在造型上的经典之笔就是男装的V领和圆领羊毛衫，直筒无开襟衣身，领口、袖口、衫摆都是罗纹收口（图5-29）；女装羊毛衫只是在腰部有收腰处理，其他与男装做法相似。由于传统的羊毛衫是以防寒保暖，款式变化单一，主要穿着在外衣和内衣、衬衫之间，因此长期没有得到很好的表现而显得压抑。现在羊毛衫已得到彻底解放，渗透到内外衣的各个领域。经典的毛衣编织组织花型如单边、珠地、纠绳、挑孔；提花花型如菱形图案、动物、花卉变形的连续纹样等。随着毛织电脑横机技术的发展和时代推进，更多毛衣的经典款式、组织、花型将层出不穷。

三、休闲风格

休闲服装风格就是一种追求轻松感、随意性和舒适性为主的着装形式。毛织品非常适合制作休闲服，如T恤衫、外衣、各式裙类等。毛织服装具有造型多变、搭配多样、可内外穿着等特点（图5-30）。

| 图5-28　毛织直筒裙 | 图5-29　男套头毛衣 | 图5-30　休闲风格毛衫 |

休闲服装追求穿着舒适的特点，反映人们在自由、轻松、自然中求美的心境。如合体与不合体的高领、低领设计；宽松的衣身和袖子设计；对襟直摆或圆摆的粗针毛织外衣；多层次短外衣、长里衣、紧身裤搭配等。休闲毛织服装的材料多以羊毛、棉纱为主，还有棉与涤或毛混纺纱。

四、中性风格

中性风格服装是指适合于男性和女性穿着的服装。或理解为具有男性和女性双重特征的服装（图5-31）。

毛织服装的中性风格体现，是把握两性互相渗透的设计原则，在女性服装中增加男性的元素。如设计较大的枪驳领、男式衬衫领、宽肩、平肩、育克肩、直腰、插肩袖、贴袋、夹克衣摆和裤装搭配设计等。在男性服装中增加女性元素，如高圆领、圆翻领、溜肩、小收腰、局部绣花等。中性毛织服装的穿着者大多是青年时期的人群，如柔弱的女性着男性特征的服装则多一份阳刚之气，男性青年着女性特征强的服装显得时尚前卫。

五、优雅风格

优雅的对立面是俗气，优雅是一种成熟与稳重的气质表现。优雅的服装风格体现庄重、品质、精致的风范特征。款式上合体造型为主，线条流畅、时尚简约。

毛织服装优雅风格创作要围绕优雅的内涵猎取素材，款式端庄典雅、材料以高档混纺毛和纯羊毛为主。女装可以用粗或细针质地的织片设计，男装则主要采用细针如12G至16G的织片，但组织和提花不能用满地组织和满地提花，而只能是点缀式的组织和提花。优雅风格的着装追求气韵至尚，服饰配套齐全，即从头到脚包括手套、围巾、提包、眼镜都是刻意精心配搭（图5-32）。

六、都市风格

都市风格体现秩序、规范相协调，与个性、张扬相统一的特征。一方面如建筑的错落、道路的穿行、人流车流的聚散、生活节奏的规律性等等都体现着秩序感，但另一方面都市的生活又是丰富多彩的，灯红酒绿、霓虹辉映装点着耀眼的城市空间。因而都市服装风格是一种具有与现代城市文明特征的风格。

都市风格的毛织服装可采用粗针型的组织编织套头衫和开衫，款式上比休闲服装略显正统，比优雅风格又略显轻松的特征，细针毛衫追求使用高档材料和精致的工艺（图5-33）。

图5-31　中性风格毛衫　　　　图5-32　优雅风格毛衫　　　　图5-33　都市风格毛衫

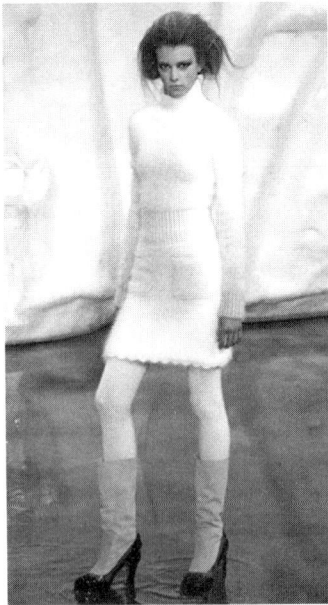

第五节　毛织面料与其他面料组合设计

一、毛织面料与圆机针织面料组合应用

针织面料与毛织物都是线圈结构，其性质一样，可以说同族兄弟。针织面料是用圆机编织的，属经编织物，毛织物是用横机编织的，属横编或纬编织物。这两者具有同样的伸缩性、柔软性、多孔性、防皱性、成型可变性等优点，和脱散性、卷边性、勾丝起毛、尺寸不稳定等不足。由于目前圆机针织物是18针以上的细针织物，具有轻柔的效果，圆机针织物在抗剪性方面比横编织物强，用于裁剪分割较为方便，常用于内衣和T恤衫设计。横机毛织物目前最细为16针，毛织物与圆机针织物组合设计主要是体现粗针与更细针的肌理对比，产生视觉上的变化，丰富设计内容。因而，横机开发为实现横编织物具有直接编织粗细针效果的技术，已有"多针距"技术应用，但粗细针的跨度还不够大。在进行这种组合设计时应考虑缝合的工艺处理。

二、毛织面料与机织面料组合应用

1. 毛织与牛仔布组合应用

牛仔布是休闲服的代表性布料，质地结构紧密，是坚牢硬挺耐穿的粗斜纹棉纱织物。在毛织和牛仔设计应用过程中，可以由一方占主体，或在毛织服装中拼接牛仔布，又或在牛仔布服装中加毛织面料。如在毛织服装的口袋、育克、袖口、等加入牛仔布，又如在牛仔服的领子、袖口、下摆加入毛织罗纹，或后衣身是毛织织片，其他地方是牛仔布（图5-34）；或袖子是毛织织片，衣身是牛仔布等。设计时厚实的牛仔布多与1.5G ~ 7G的粗针毛织物相配搭，轻薄的牛仔布可与细针毛织物搭配。

图5-34　毛织与牛仔布

2. 毛织与条格布组合应用

条格布是以布料的外观为条纹或是格纹进行识别的，其条格形成主要是由色纱排列编织而成。条纹、格纹布料质地有较厚的花呢材料，质地轻薄的涤棉、涤麻、泡泡纱等。用在与毛织配合设计中可以主体使用，也可以局部使用，常用于休闲毛衣设计中（图5-35）。

3. 毛织面料与花布组合应用

花色布主要是印花面料，根据花形的大小分碎花布、大朵花布，根据印花花样的种类可分为动物印花、植物印花、几何形印花、文字印花、卡通画印花等。毛织物与印花布组合，主要应用到女装和童装设计中，显示出可爱、天真与甜美的感觉（图5-36）。

4. 毛织面料与灯芯绒组合应用

灯芯绒布料表面呈现绒条纹，绒毛丰满整齐，有粗有细。加入氨纶或氨纶包蕊纱可织成弹性灯芯绒。灯芯绒布料有倒顺毛之分，使用时应注意倒顺之间有着不同光泽出现。灯芯绒温暖的外观感受与毛织服装有异曲同工之美，男装、女装和童装毛衣都常有灯芯绒布料的搭配设计（图5-37）。

图5-35　毛织与格纹布　　　　图5-36　毛织与花布　　　　图5-37　毛织与灯芯绒

三、毛织面料与皮草材料组合应用

1. 毛织面料与毛皮组合应用

毛皮又称裘皮，由皮板和毛被组成。裘皮具有透气、保暖、吸湿、耐穿、华丽、高贵、奢侈、威严等特质。裘皮又分天然裘皮和人造裘皮，天然裘皮有紫貂皮、狐皮、水貂皮、羊皮等，人造裘皮有针织人造毛皮、机织人造毛皮和人造卷毛皮。毛皮在设计时可设计成外装饰，也可设计成内暖型，为了保护毛绒，在裁制时应将毛皮反过来，用刀片割皮板，不能用剪刀直接剪。

毛织与皮草均有很强的保暖功能，两者的组合既有功能性也有装饰性，在毛织服装中应用毛皮可增强华丽、高贵的气质，这种组合多用于女装设计中。（图5-38）

2. 毛织面料与皮革组合应用

皮革分天然皮革和人造皮革。天然皮革的皮板是由表皮、真皮和皮下组成的，对于较厚的皮板分层多张皮革，按层数分成头层皮、二层皮、三层皮等。一般头层皮质量最好，强度高，但价格较贵。二层以上的皮质较差，强度较低，多用来做绒面革，也有经过涂饰加工成光面革做服装，但是质量不能保证。天然皮革的主要品种有猪皮革、牛皮革和羊皮革。

人造皮革有聚氯乙烯人造革、聚氨酯合成革、人造麂皮三种。人造皮革主要是用纺织品或无纺布做基材，然后加上相关衬料的涂层制成。聚氯乙烯人造革制成的服装鞋帽其舒适性较差，聚氨酯合成革柔韧耐磨，外观和性能与天然皮革接近，是做服装的理想选择。人造麂皮轻便、柔软、绒毛细密、透气性良好，外观酷似天然麂皮，是制作仿鹿皮服装的理想选材。

毛织物与皮革组合设计中可以使毛织为主体的服装显得更加前卫、时尚，又使以皮革为主体的服装增添柔美和丰富层次（图5-39）。

图5-38　毛织与皮草

图5-39　毛织与皮革

思考与练习

1. 搜集数款毛织面料与其他面料混合制作的服装，说明二者搭配的风格特点及搭配的优缺点。

2. 搜集10款服装，指出其应用了哪些形式美的要素和原则。

3. 根据所学内容搜集几种不同风格的服装款式，并描述其风格特征。

基础理论——

毛织服装市场与流行

课题名称：毛织服装市场与流行

课题内容：毛织服装市场分析

毛织服装流行

课题时间：1课时

教学目的：调查分析当前毛织服装设计市场及流行趋势。

教学方式：调查分析法、讨论法、探索发现法

第六章　毛织服装市场与流行

第一节　毛织服装市场分析

一、贸易市场

贸易市场是一种流通性市场，是通过贸易商把商品流入到消费市场，有些贸易商同时又是生产商。贸易市场分国际贸易和国内贸易。国际贸易是针对全世界的，不同的国度和地区有不同的文化和民俗，体现在不同国度和地区的消费者对服装款式、色彩和装饰上的不同要求。如欧洲地区、中东地区、东南亚地区、非洲地区、北美地区、南美地区。内销市场是指本国生产的商品在本国销售。就我国而言，经济发达地区和欠发达地区在消费观念也有所不同，东部地区和西部地区，南方地区和北方地区在文化上有差异，对产品的各个方面也有不同的考量。

经济发达地区和欠发达地区消费的差异性，可通过区域消费基本类型TOFA模型图表示（图6-1），所体现的特征见表6-1。

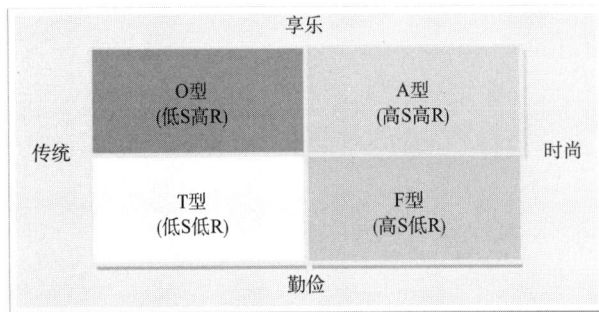

图6-1　区域消费类型（S：时尚指数　R：花钱指数）

表6-1　区域消费的四种基本类型

基本类型	类型描述	主要特征
A型（高S高R）	前卫型（Advance）	时尚而敢花钱
F型（高S低R）	理财型（Fashion&Financing）	时尚而精明
O型（低S高R）	乐天型（Optimism）	传统而敢花钱
T型（低S低R）	保守型（Traditionalism）	传统而节俭

二、生产市场

生产市场主要体现在生产方式上，生产方式包括生产设备和生产工艺。生产方式对设计的影响非常突出，尤其是毛织服装的生产。生产毛织产品织片的设备是横机，横机从手摇横机到半自动横机到全自动电脑横机的逐渐发展，不断改变着生产方式。发达地区的生产市场已普遍使用全自动电脑横机，欠发达地区的生产市场还在使用手摇横机。但尽管都是全自动电脑横机，由于机械本身的技术性能的差异对产品的生产也有着较大的区别。如普通国产电脑横机在技术上还有较大的发展空间，而技术成熟的如德国斯托尔电脑横机不仅在花型组织上任其变化都能应对自如，而且在多针距、立体多层花型、织可穿等功能上显示出强大和独特优势，为毛织服装的设计变化创造了无限空间。

在缝制工艺方面，毛织服装主要是用缝盘机进行缝制，这对于设计师而言必须要了解清楚，否则会给生产带来不必要的麻烦，或者使设计师的方案无法实现。如服装边沿的折边处理、开袋工艺等用缝纫机难以完成，且效果不好。再由于现代毛织织片与机织布片相结合的设计越来越多，他们之间的缝合主要是靠缝纫机来完成，因而设计方案必然要考虑工艺的可操作性。

三、材料市场

材料市场是很多设计师灵感之源，因为材料市场往往是新工艺、新技术、新时尚的前沿阵地。出色的设计师会视材料为设计的生命，因为离开了材料，一切美妙的设计构思就会显得苍白无力，所以设计师必须对材料市场情有独钟。

第二节　毛织服装流行

一、流行与信息

服装流行就是一种市场信息的传播，研究服装流行就是要把握流行的信息，因而信息的通畅性非常重要。

信息是消息，包括消息的内容和消息的流通渠道。信息是设计的生命之源，缺损信息的设计就等于是盲人摸象。对政治、经济、社会、文化、科技、环境等各方面出现的新的现象进行准确解读，就是在捕捉设计信息。我们现在所处的社会是一个信息化高度发达的社会，获取各种信息的渠道非常通畅。

对于毛织服装设计师而言，获取信息重要，分析信息更为重要。分析服装的信息是进行服装设计的重要环节和方法，对获得正确的服装流行信息，把握流行的脉搏非常重要，是设计师能走在时尚前线必备的素质。对于服装信息的分析要从以下几个方面进行。

1. 服装流行的来源

服装流行是指为大多数人所喜爱，并呈现盛行趋势的一种现象。服装流行信息的来源极其广泛。

（1）重大的社会事件：如战争的影响，因为它给人类带来的灾难；经济的影响，因为它给人们带来失业；环境的影响，给人们的健康带来威胁。

（2）明星效应：20世纪律80年代，国内青年受明星影响很大，很多服装流行要素都是通过对明星着装进行追崇而实现的；现代明星效应不是很强烈，但仍是引起部分流行或局部流行的来源。

（3）传统文化的影响：在经济全球化和文化多元化的今天，不同国家民族的传统服饰文化在世界服装文化舞台中相互交融、相互影响。而中华传统服饰文化的美学思想，正潜移默化影响着我国人民的着装心理、趣味爱好和审美风尚。

以上这些往往通过时装发布会、时装博览会、服装杂志等媒介实现流行。

2. 服装流行的形式

（1）单元式流行：单元式流行指服装的某一种要素成为流行要素。如色彩、款式、材料、装饰等要素单一出现流行现象。

①色彩流行是在设计构思过程中注重流行色的应用，其他要素则作为次要因素。

②款式流行是在设计构思过程中注重时尚流行的款式造型，其他要素作为次要因素。

③材料流行是在设计过程中注重新材料使用，其他要素作为次要因素。

④装饰流行是在设计过程中注重流行的装饰品的使用，让普通的服装赋予时尚气息。如毛织服装设计中，注重流行的花形、组织的变化，就使普通的毛衣得到焕然一新的面貌。

（2）复合式流行：是指在设计过程中对于构成服装的诸要素都考量其流行的状况，以实现作品的全新视觉。

以上两种形式都不是设计的标准指引，必须灵活应用。单元式流行只是强调了其中之一的流行要素，而其他几个流行要素也都是可以应用的，并非是用其一而否定其二；复合式流行也并非是将所有流行要素都平均处理，不分主次。

二、流行信息的管理

对流行信息进行管理的目的就是为了驾驭流行，让自己的思想时刻都与时尚齐飞。如何才能对流行信息进行管理呢？主要通过如何获取流行信息，如何对所获取的流行信息进行处理，最后做到正确预测流行的变化，敏感抓住占领市场的机遇。

1. 流行信息的获取

获取流行信息是管理流行信息的第一步。现代社会信息通畅，要获取任何信息都显得方便快捷，根据流行的气压势和扩散性特点，可以通过时装信息发布会现场、时装博览会现场、订阅时装杂志、关注影视媒体中的时尚名流、网络搜索等渠道进行获取。对于这些渠道所获取的信息应进行文字、图片资料的记录和保存。

2. 流行信息的处理与预测

将保存的流行信息资讯进行整理，并进行总结得出新的流行动向。具体可分以下几个步骤：

第一步：对搜集本季的流行信息进行分类，如流行色的种类、流行材料种类、流行款式种类（包括上衣、裤子、裙子）、流行工艺、流行装饰等。

第二步：对本季整理的流行信息资料与上一年或两至三年前同季流行的信息资料进行比

较。分别得出哪些要素早已流行，哪些要素正退出流行舞台，哪些要素正普遍流行，哪些要素才刚刚抬头等。

第三步：将得到的刚刚出现流行的要素与国内、国外政治、经济、文化、国际关系形势进行比照分析，就可以得出下一季或下一年同季将要流行的动态趋势。

思考与练习

制订一个服装市场调研计划，了解当地毛织服装的市场情况，同时了解当时毛织服装的款式与色彩流行状况。

基础理论——

毛织服装工艺

> **课题名称：**毛织服装工艺
>
> **课题内容：**毛织服装工艺参数
>
> 　　　　　　毛织服装画花工艺
>
> 　　　　　　毛织服装前整工艺
>
> 　　　　　　毛织服装后整工艺
>
> **课题时间：**3课时
>
> **教学目的：**了解毛织服装设计的流程，包括吓数工艺、画花工艺、前整工艺和后整工艺，对工艺机械、设备有清楚的认识。
>
> **教学方式：**讲授法、操作演示法

第七章　毛织服装工艺

第一节　毛织服装工艺参数

一、毛织服装工艺参数的概念

工艺参数一词是广东方言，江浙地域称写工艺单，正确理解应为"工艺参数"，是计算毛织服装织片成型的编织针数和编织转数。包括确定服装织片各部位尺寸，然后根据织针、毛纱、密度和衣片的形状，计算各部位应编织的针数和转数。

二、毛织服装工艺参数中针型、毛纱、密度之间的关系

针型是指织机针号的大小，这是工艺参数程序的第一步。根据针型和服装的厚度及手感确定使用相匹配的毛纱，在选定了针型和毛纱后织成小样片，样片一般是12cm²大小编织，用来计算织片的密度。针型、毛纱、密度在毛织吓数的计算中缺一不可。

毛纱的粗细、密度、机针号数有一定的对应范围，织针对应的毛纱粗细与密度，即使用毛纱的最大横截面，是由织针、针槽间的空隙来决定。纱线密度与织针的关系为：

$Tt=K/G^2$平方或$Nm=G^2/K'$

通常K取值为7000～11000，或K'取7～11，K的数值越小，织物密度值越小，织物的质地越稀松。羊毛毛纱通常取K值为：9000或9，腈纶毛纱取K值为：8000或8。

如确定用12号针编织腈纶毛纱单面平针，适合的纱线密度是：

$Tt=K/G^2=8000/12^2=55.5Tex$

$Nm=G^2/K'=12^2/8=18$公支

织针与纱线密度确定后可根据织片的手感编织小样片进行织片针数、转数计算。

三、密度的计算

毛织服装的密度分横向密度和纵向密度。横向密度是指编织的针数或支数，即1英寸或1cm织片横向宽度上的实际编织的针数；纵向密度是指编织的转数，即1英寸或1cm织片纵向长度上实际编织的转数。

毛织服装工艺参数是根据服装的款式、各部位的尺寸、织物的成品密度、字码❶和额定的缝耗量来进行成衣衣片各部位核算的。

---

❶　字码：指的是用最大力气横向拉织片的10支针的长度，如10支针拉到5厘米，这块织片的字码是10G/5cm，字码是衡量织片横向拉力的数值。

四、毛织服装缝耗设定

毛织服装的缝耗一般为1～1.5cm。因此，毛织织片的缝合是以所留织针支数为缝耗量，在工艺中通常缝耗针数见表7-1。

表7-1　针号型与缝耗支数

织针号型（G）	缝合针数（单位：针）	缝耗（单位：支）
1.5/3.5❶	1	0
5	1	1
7/9	2	2
12/14/16	4	4

五、工艺参数在工艺单的书写格式与理解

吓数工艺单分为手写吓数工艺单和智能吓数工艺单。两者只是书写计算的形式不同，即前者是在纸张上用笔手动书写，后者是在吓数软件上进行计算书写。两者的本质与内容并无差别，包含：名称❷、尺寸信息、单件落机重量信息、织片及毛料信息、织片下数及后整工艺说明等内容。具体的格式见下图，以女装V领平膊折膊骨弯夹衫（单边）为例的吓数工艺单（图7-1）。

第二节　毛织服装画花工艺

一、画花的概念

画花是电脑横机画花师傅根据客户产品的要求以电脑为操作平台，对产品设计花型组织及样板资料的一项技术。这项技术包括制作毛织服装的组织花型，输入编织毛织服装织片的吓数资料、织片边缘的处理、上机编织相关信息等资料，然后生成织片或成衣编织程序，最后将这一编织程序拷入U盘就可以上机进行编织工作了。画花技术是电脑横机出现的产物，电脑横机开发商开发电脑横机产品的同时就开发了画花软件供购买者使用。各开发商的产品在技术上有着一定的差距或应用技术方面的不同，因而不同电脑横机产品的画花软件在应用功能和操作界面存在着差别，不同产品的软件所做的画花工艺不能在同一产品的电脑横机上使用，现在一些软件开发商为了使各种电脑横机在织片上有所兼容，开发了一些兼容性画花软件，达到可以在各种电脑横机上实行编织的目的。诚然，电脑横机开发商在不断推出新产品的同时又不断开发出新的画花软件，因此，旧的画花软件总是处于一种更新升级状态。

---

❶　1.5G、3.5G属于粗针，缝合针数为1针，粗针的线圈大，在缝耗计算中可忽略不计。
❷　名称、下数书写时，毛织服装的名称通常以服装款式的具体内进行命名。如女装V领平膊折膊骨弯夹衫（单边）、男装圆领直夹衫等。

女装V领平脚折脚盘骨夹衫(单边)工艺单各工艺参数

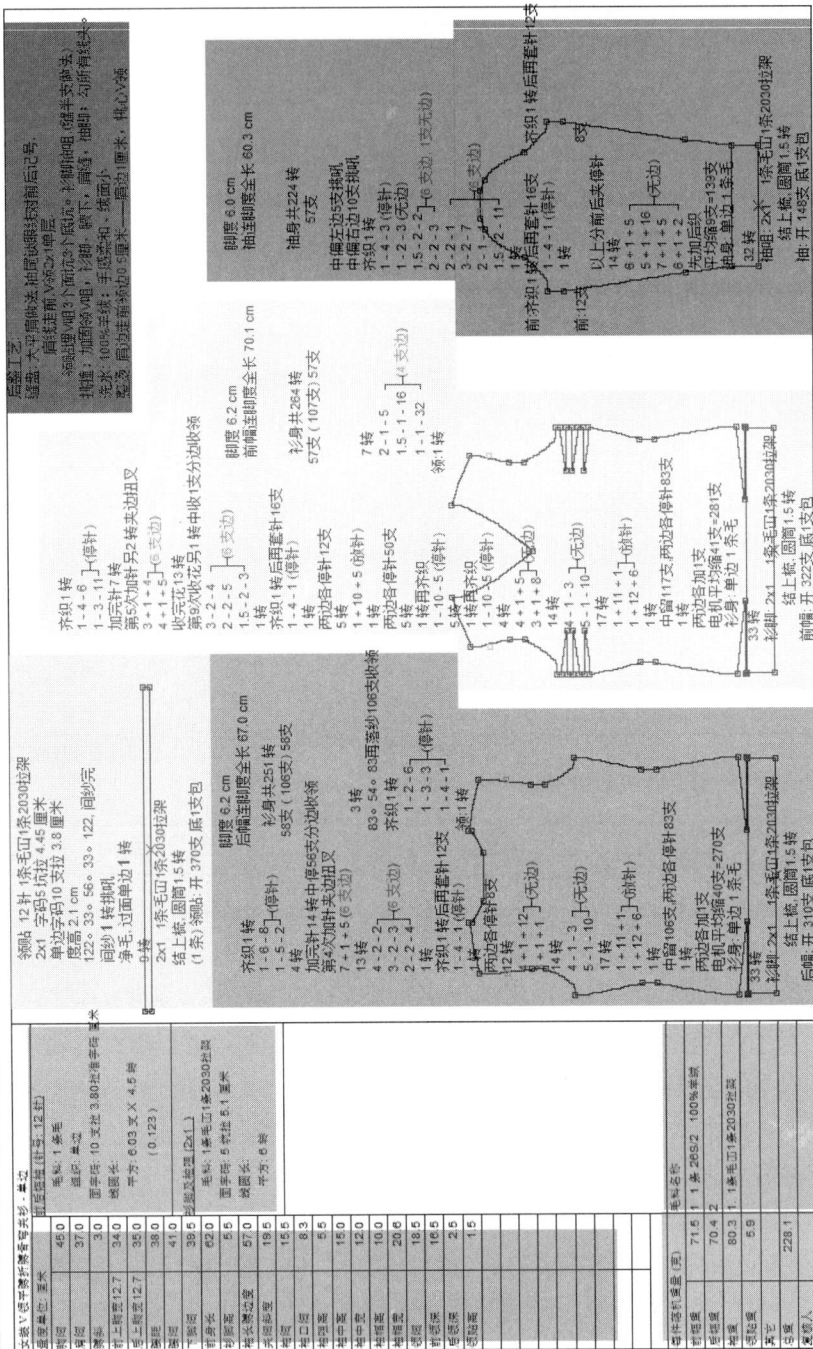

领编 12 针 1条毛口1条2030拉架
2x1 字码5.05拉位 4.45厘米
单边字码10 支拉 3.8 厘米
度盈 2.1 cm
122。33。56。33。122。回纱完
回纱1 转动刈完
净毛.过面单边1 转
2x1 1条毛四4条2030拉架
结上梳.圈图(2x1)
(1条)领贴 开 370支底1支包

脚度 6.2 cm
后幅主脚度全长 67.0 cm
衫身共 251 转
58支 (106支) 585支
芥织1 转
1-5-2 (停针)
3 转
加完针14 转中再夹分四收领
第4次加针夹四缸四叉
7-1 + 5 (6 支边)
13 转
芥织1 转
3-2-3 (6 支边)
2-2-4
1-2-6
1-3-3 (停针)
1-10
1-1 (停针)
芥织1 转 后幅再套针12支
14 转
4+1+1 (无边)
1+12+6 (2) (无针)
1 转
1+12+8 (针)
1 转
中筒106支两边各停针83支
两边各加1支
电机平织缩41支=270支
衫身 单边1条毛
33转
上脚 2x1 1条毛口1条2030拉架
结上梳.圈图1.5转
前幅 开 310支底1支包

脚度 6.2 cm
前幅主脚度全长 70.1 cm
衫身共 264 转
57支 (107支) 57支
7 转
2-1-5
1.5-1.16 (4 支边)
1-1-32
领编1转
1-10-5 (停针)
1 转
1+8 (无边)
4 转
4+1+3 (无边)
1 转
1+12+6 (2) (无针)
1 转
中筒117支.两边各停针83支
两边各加1支
电机平织缩49支=281支
衫身 单边1条毛
33 转
上脚 2x1 1条毛口1条2030拉架
结上梳.圈图1.5转
前幅 开 322支底1支包

芥织1 转
1-4-6 (停针)
1-3-11 (停针)
加完针 7 转
第5次加针另2转夹四缸四叉
3+1+1 转
4+1+5 (6 支边)
收字完13 转
第9刈次收花刈1转中收1支刈收领
3-2-4
1.5-2-3 (6 支边)
芥织1 转 后幅再套针16支
1-4-1 (停针)
两边各停针12支
1+10+5 (停针)
两边各停针50支
1转两有芥织
芥织1 转 后幅再套针16支
1-10-5 (停针)
14 转
4+1+3 (无边)
1+8 (无针)
1 转
1+12+6 (2) (无针)
1 转
中筒 开

脚度 6.0 cm
袖连脚度全长 60.3 cm
85支
袖身共 224 转
57支
中筒左边5支挂纽
中筒右边10支挂纽
芥织1 转
1-4-3 (停针)
1-2-3 (无边)
1.5-2-2
2-1-3
3-2-7
1.5-2-11
1 转
以上分前后夹字织
14 转
6+1+16 (无边)
6+1+2
1 转
失刈后织
平均缩63=133支
袖身 单边1条毛
32 转
袖距 2x1 1条毛口1条2030拉架
结上梳.圈图1.5转
袖 开 148支 底1支包

缝盘工艺
逢盘.大平肩做法.袖口收缩1款挂间8字后记号.
直缝注脑.V字8字2x增边
缝领.埋3个面.2个底.1+1钢扣钩(钩针.钩.安装方法.
缝唛.加底刈领边)唛.杉脚.肩下.胸骨.胆脚.勾有有线纹...
毛水. 100%羊绒.手感滑和..挑直和..挑心V领.

1	尺寸信息	3	织片及毛料信息	5
2	单件落机重量信息	4	领贴下数	6

5	后幅下数	7	后整工艺说明
6	前幅下数	8	袖片下数

图7-1 女装V领平脚盘骨夹衫（单边）吓数工艺单

对于一些电脑横机技术比较成熟的产品，软件内容相对稳定，而且升级后有着较好的连贯性和兼容性。

二、画花软件使用的基本常识

（一）基本原理

一般的画花软件可以将各类花型通过画图的方式在同一程序中进行操作，可同时生成"工艺视图""织物视图""标志视图"，如果在这三个视图中任意修改一个视图，其他视图的图形也将立刻相应更新。

（二）画花软件的基本界面及释义

画花软件界面包括如下内容：

织物视图：是用于图形输入和花型仿真显示的窗口，窗口左边是行号栏、循环、后针床对位等控制列项目，织物视图最适合用于建模和检查花型的外观。

工艺视图：是一个用画图和显示花型选针的窗口，窗口的左边是行号栏，右边是工艺视图，工艺视图显示每一行最新花型的编织动作。

标志视图：显示每行花型每个线圈分配的编织符号，通常软件中储存了大量程序化的花型标志符号提供给设计者使用，如阿兰花、绞花等。

纱线区域视图：与纱线区域分配对话框同时使用，在纱线区域视图中点击一个纱线区域，则颜色显示为网格状，并自动将"纱线区域分配"对话框中相应的纱嘴选中，主要是用来编辑纱线与纱嘴相对应的信息资料。

行号栏：显示各行的参数，行号栏的功能是，在不同的视图中有不同的组合。

全视窗口：用于花型中的定位和快速寻找，全视窗口有位置记忆功能，便于快速寻找花型位置。

工具栏：用于编辑花型资料的工具。包括创建新花型、花型尺寸缩放、绘图工具使用、花型颜色应用与调整、导纱器颜色使用等。

菜单栏与级联菜单：菜单栏是画花软件窗口界面，用以显示编辑花型的区域，包括文件、编辑、查看、区域、建模、模型、花型参数、程序、工具、窗口、帮助等内容。级联菜单是在菜单下拉列中的复选内容，批上勾表示该项菜单被激活，反之被隐藏。

（三）画花软件常用功能及花型设计类型

1. 建模

建模是将某些编织动作制作成一个可以重复使用的小单元，是构成花型的一个组成部分，包括简单建模和复合建模。

（1）简单建模：就是使用工具栏中的"织针动作"制作花型小单元，在"新建模块"中输入名称、宽度和高度，然后在属性窗口中命名。建模后可将建模插入到织物视图、工艺视图或标志视图中，还可以利用建模画图等。建模中可以包含线圈长度、沉降片设置（四针床）、机头速度、织物牵拉、系统、机头方向、牵拉梳作用、循环、工艺行数据等参数。

（2）复合建模：复合建模具有把任何高度和宽度插入花型中的功能，这样可以用矩型张片如口袋、门襟等插入到花型中。

2. 结构花型

结构花型又称组织花型，是毛织画花的重要技术，开发商在画花软件中存贮了大量结构建模数据库来进行创建花型，这些结构花型建模可以帮助操作者简单快捷地完成花型设计程序。

（1）简单正反针结构花型：正反针花型是电脑横机画花使用的最基础的花型，在其他很多种画花建模中都应用到正反针结构。

（2）绞花花型：又称扭绳，在画花软件中已储存了多种不同形式的绞花建模，可以直接调用，在画绞花组织时一般在组织两边放几针反针建模，使绞花更有立体感。绞花画花中应注意其上下交错的方向性，分左压右和右压左两种。

（3）阿兰花型：专门用于菱形花型建模的组织单元，画花软件中有1针阿兰花、2针阿兰花、3针阿兰花及组合好的菱形建模。

（4）挑孔花型：是将线圈向其两边移圈形成一个空针位，画花软件安排了一些挑孔建模提供给画花操作使用。

3. 提花花型

在新建文件中选择不同颜的纱线画花，提花有单面虚线提花、双面提花两种形式。双面提花的背面设置有背面横条提花、背面芝麻底提花、空气层（网眼）提花等几种形式。

4. 嵌花花型

要使用专业用的嵌花导纱器进行编织，是每一种色纱的导纱器只在自己的颜色区域内垫纱，区域内垫纱后将导纱器留下，直到下一横列机头返回时再带动编织，在同一横列的边缘，另一导纱器将继续编织这一行。嵌花分简单嵌花、背面抽条嵌花、菱形块带挑花等形式。

5. 全成形

有形衣片编织称为全成形工艺，画花软件将衣片设置了多种形式的衣片模型和成形衣片边缘收针、加针的结构建模，画花师可以按照吓数纸输入相关数据制作全成形衣片新模型。

6. 织可穿技术

织可穿技术是通过织机织出完整的一件衣服，在画花时使用模型尺寸生成织可穿模型。

7. 其他功能

电脑横机功能非常强大，因而画花技术员必须对电脑横机的相关功能掌握好，才能按客户要求画出合适的花型，以及创作更美妙的花型，如多系统翻针、多系统编织、多密度编织、循环功能等。

三、毛织服装制板

毛织服装制板是指根据客户提供的产品样板或设计师提供的设计图，制作出指导产品大货生产的样板。

制板的过程是：画花员根据吓数师的指令，按客户样板或设计师的图搞编织花型织片小样。吓数师根据客户样品或设计图稿和洗水烫好的织片小样计算平方密度，然后确定服装各部位的尺寸，确定毛纱材质、颜色等，写出吓数纸后送织板师织片。衣片织完后送缝板师缝盘，缝好盘送洗水整烫部门进行缩绒整烫，洗水时考虑毛织成品的手感加放柔软剂，整烫师傅根据吓数师或提供的成衣样品尺寸制作烫衣模板，并将织出的板样进行的整烫和定型。以上各个环节将各自完成过程所需的时间进行记录，作为生产定价的依据。

第三节　毛织服装前整工艺

一、络纱工艺

1. 络纱工艺的作用

各种毛纱出厂到市场一般是绞纱，绞纱不能直接用来上机编织，需要重新卷绕到纱筒上。如果只有单筒毛纱，要用来试制多条毛纱的毛织品，则需要分纱，这项工艺就是络纱。络纱过程能利用络纱机上的清纱装置清除毛纱上的毛皮、草屑、粗结、大肚纱等杂质，同时络纱机上有过蜡装置，能帮助毛纱光滑表面，便于编织。

2. 络纱机的构成

主要由机架、筒管、清纱装置、过蜡装置、开关手柄、电动机等构成。

二、织片工艺

织片工艺是毛织服装最基本的程序，是毛织成衣的基础。织片与以下五个方面有着非常重要的关系。

1. 织针粗细

针型一般分为1.5G、3.5G、5G、7G、9G、12G、14G、16G，数字越大针型越细，数字越小针型越粗。

2. 开针支数和编织转数

织片的形状面积一定时，编织的针数和转数与织针的粗细有关系。针数越多，织针和纱线就越细，反之织针和纱线越粗，编织的针数和转数就越少。开针的形式有斜角开针、面包底开针和底包面开针等形式。

3. 加针、减针数、结构成型及织边结构

毛织服装的织片编织大多是一次成型的衣片，因而衣片成型主要通过加减针来实现，并使织片的边缘成为整边。由于织片的织边在通过缝盘后往往会露出收边的纹理，有些纹理更能增强毛织服装的美观性，因而在编织过程中总结出几种收放针方法，如移圈收针、套圈收针、铲针和移圈放针及直接收放针几种。

4. 加放弹力纱

毛织服装本身富有较好的弹性，毛织服装在织片中的弹性有两种表现，一是线圈越大，拉伸度就越大，二是较粗针型的织片比较细针型织片的拉伸度大。除此之外，为了能长期保持毛织服装的弹性，还会在织片过程中加弹力纱。

5. 花型结构

构成毛织服装织片的基本单位是线圈，线圈的变化组成不同的花型，不同的花型使得织片产生不同的外观效果。如纬平针是单针床的结构，具有卷边性，罗纹是单针床的结构保型效果好且具有更好的横向拉伸性。

织片过程中应做好检查编织故障，查看织片的质量，还要将织好的织片叠整齐，并按打数分别打包，方便缝盘使用。

三、缝合工艺

缝合工艺，是运用链式线迹将编织成型的织片或裁剪成型的衣片同其他附属部分如领、袖、袋等组合成一个整体，即一件毛衣。毛织服装缝合时必须采取不影响毛织物弹性特点的缝合设备和方式完成。

（一）缝盘工艺

1. 使用缝盘机进行缝合工艺

缝盘机又称套口机。对毛织服装进行缝盘，首先要选择与织片针型对应的缝盘机，织片针型与缝盘机针型对应见表7-2所示。

表7-2　织片针型与缝盘机针型对应表

横机针型	1.5G、3.5G	5G、7G	9G	12G	14G	16G
缝盘机针型	8针盘	10针盘	12~14针盘	14~16针盘	16~18针盘	18针盘

2. 缝盘机操作

首先是将织片边沿套在缝盘机的针上，然后开动缝盘机进行缝合。基本步骤为：

（1）锁眼，防止脱散（图7-2）。

（2）缝膊，前后衣片肩部的连接。

（3）绱袖，袖与袖窿的缝合。

（4）大身侧缝、袖缝，衣身侧缝、袖子侧缝的缝合。

（5）绱领贴（图7-3）附属部分。

图7-2　锁眼（正面）　　　　　　　　图7-3　横罗纹领贴双层缝合

3. 缝合注意事项

（1）缝合对位，凡两片相对缝合的织片都应有相关的对位点，缝盘对针眼时应注意织片上的对位标记，一般以挑孔来标识。

（2）检查织片长短是否一致，如果织片出现长短现象则应对照样板，看样板款式是否有特别要求，否则不能进行缝合。

（3）检查织片是否有烂边现象，有烂边现象应抽出来。

（4）缝合后检查是否有跳线、断毛现象，如果有则应返工。

（5）缝线松紧要适度，太紧时缝料会收缩，太松时缝料间会拉开。

（二）挑撞工艺

织片的挑撞工艺是织片某些部位的手工缝合工艺，"挑"是不同织片纵行线圈和斜向线圈的连接（图7-4），"撞"是不同织片横列线圈的连接（图7-5）。挑撞的工序包括：

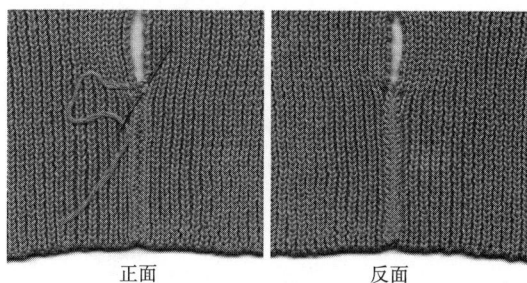

正面 反面

图7-4 挑

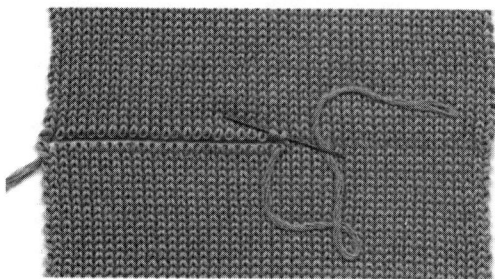

图7-5 撞

拆纱，拆去编织时的间纱→收线头：整理编织和缝线的线头→搣眼：拆领纱后，将线圈拉直→挑、撞：对缝盘不能缝合的部位进行手工缝合→加针：对缝合连接的边缘部位和薄弱部分进行手工加固（夹底、衫脚、袖嘴、膊边、领边、贴边等）。

（三）缝纫工艺

毛织缝纫工艺是采用一种专门缝合针织服装的设备来完成缝合任务，主要有以下几种机械。

（1）差动式送布平缝机。

（2）专业用作缝制弹性面料的平缝机。

（3）缲边缝纫机，专业用于服装下摆和脚边进行缲缝，是一种暗缝形式，表面看不到针迹。

（四）手缝工艺

毛织手缝工艺用直纤或手钩针对针眼合缝即可。

第四节　毛织服装后整工艺

在毛衫工厂中，后整理泛指织、缝、挑半成品之后的后道工序，尤其重要的是能改善毛衫外观形态、手感的洗涤和熨烫，具体操作步骤见表7-3。

毛织服装缝合后的成型与样板板型有很大差别，必须经过洗水、烘干后进行整烫才能达到与样板相符合的成型。毛织服装的洗水可改善织物手感，恢复织物的纱线张力，使密度均

表7-3 毛衫后整理步骤

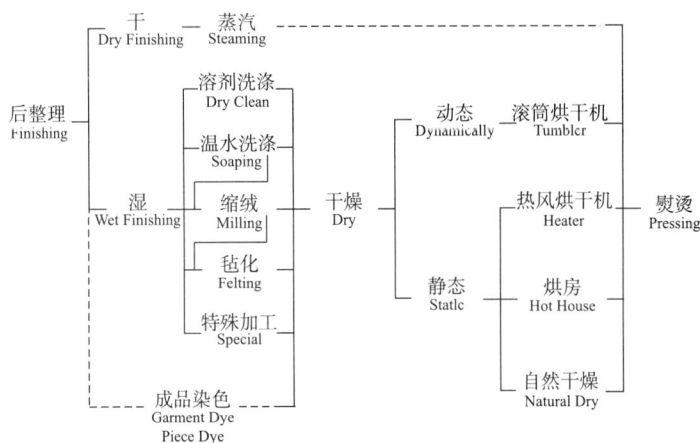

后整理 Finishing
- 干 Dry Finishing — 蒸汽 Steaming
- 湿 Wet Finishing
  - 溶剂洗涤 Dry Clean
  - 温水洗涤 Soaping
  - 缩绒 Milling
  - 毡化 Felting
  - 特殊加工 Special
- 干燥 Dry
  - 动态 Dynamically — 滚筒烘干机 Tumbler
  - 静态 Static — 热风烘干机 Heater / 烘房 Hot House / 自然干燥 Natural Dry
- 熨烫 Pressing
- 成品染色 Garment Dye Piece Dye

匀、尺码稳定，同时去除加工过程中沾染的油污、尘土及异味。毛衫洗水需要根据不同材质和期待效果添加不同的洗涤剂，洗水后的毛衣要放置烘干箱进行烘干，然后进行整烫。

一、洗水工艺

1. 洗水材料常识

毛衫洗水常用的材料有：枧油，枧粉，香精除臭剂，去污精，去锈水，羊毛固色油，棉纱固色油，羊毛软剂，棉纱软剂，珠水，漂白粉，彩丽，食用Nacl和无泡洗衣粉等。

2. 各种用料的性质和适应范围

枧油：洗出的衫片柔软，干净。用于羊毛，羊仔毛，精梳羊毛，雪兰毛，兔毛和人造毛等。

枧粉：洗出的衫片稍枧油硬点，手感比较厚，干净。用于棉纱，棉麻，混纺质地的毛衫。

香精除臭剂：用来除去羊毛、雪兰毛等毛的臭味，常与油同用。

去污精：洗很脏的衫片，一般用于浸泡白色、浅色衫片。

去锈水：用来洗有铁锈的衫片，任何质地的衫片均可。

羊毛固色油：一般用于洗涤羊毛，人造毛，混纺的毛衫。

棉纱固色油：般用棉纱，棉麻几种颜色混合在一起的毛衫。

羊毛软剂：一般用来洗涤毛质较硬的羊毛，使其变软；符合手感要求，是一般洗污剂，人造毛不宜用。

棉纱软剂：一般用于洗质地较硬的棉纱毛衫。

珠水：用于钉珠毛衫，防止褪色。

漂白粉：用于漂白各种白色毛衫，起到漂白的作用，深色衫不宜使用。

彩丽：用于固色，一切毛类均可，可相当于一般软剂。

食用Nacl：可以使陈旧毛衫褪色变新。

无泡洗衣粉：洗涤轻微污染的毛衫。

3. 洗水设备

（1）滚筒洗衣机：内筒转速35rpm，可正反向转动，接驳蒸汽管道可加热，能设定时间，浴比为1∶20，容量30磅的适合样品洗涤，120磅的适合大货洗涤（图7-6）。

（2）边浆式洗衣机：适用于丝光处理和羊绒洗缩，可根据需要购置不同容量的设备（图7-7）。

（3）全自动洗衣机：具有正反向转动设定、变频、时间设定、自动落料等功能，接驳蒸汽管道可加热，浴比为1∶20，容量30磅的适合样品洗涤，100磅的适合大货洗涤图（图7-8）。

（4）干洗机：电脑控制洗涤程序，有3个过滤器（图7-9）。

图7-6 滚筒洗衣机

图7-7 边浆式洗衣机

图7-8 全自动洗衣机

图7-9 干洗机

4. 影响毛衫缩绒的因素

（1）浴比：浴比是毛织物重量与水重量之比。羊毛衫的浴比一般采用1∶30，以保证针织物能充分的润湿。羊毛纤维润湿后会膨胀，鳞片舒张后能提高其逆向摩擦系数，而且润湿的羊毛纤维表面分布着一层水膜，能促使纤维顺向滑移。

（2）温度、时间：一般情况下，温度高缩绒快，温度低缩绒慢。羊毛衫的缩绒温度控制在30～40℃。缩绒时间短，绒面淡；而时间长，绒面浓，具体按原料而定。

（3）助剂：羊毛衫缩绒常用的助剂有中性皂粉、净洗剂。助剂的作用是促使针织物表面润滑、减少受机械摩擦的损伤和缩绒不匀等疵病。

（4）缩绒机转笼的转速：缩绒机转笼用顺、逆循环转动。这样一正一反，使羊毛纤维受外力一张一弛产生错动而移位。转速快慢应有一定的规定。转速过快，冲击力大，难以获得预期的绒面和手感；转速过慢，达不到一定的摩擦效应，亦会影响起绒效果。

5. 烘干工艺

羊毛衫经过缩绒、水洗、脱水后，必须烘干整理。常用的烘干工艺有两种：一种是滚动式烘干（图7-10），羊毛衫在热空气中回转摩擦，纤维继续起绒，织物手感显得更柔软、糯滑、蓬松、毛型感强。另一种是把羊毛衫穿在不锈钢衣架上，挂在烘房（图7-11）内静止烘干，这种烘干方式适宜于纤维强力低的兔毛衫、兔羊毛衫，因其在滚动式烘干机内易掉毛，影响兔毛衫的绒面质量和捻毛感。此外，兔毛衫在衣架上烘干定型，还可以改善单纱兔毛衫的扭斜现象。

图7-10　滚筒干衣机❶　　　　　　　　图7-11　烘房❷

（1）单件毛衫洗水与烘干时间与温度控制。

羊毛2/16支，用枧油除臭剂洗2分钟，过软剂2分钟，中温烘干20分钟。

羊仔毛2/18支用枧油除臭剂洗2分钟，中温烘干10分钟。

兔毛1/16支用枧油，除臭剂洗4分钟，软剂2分钟；中温烘干20分钟。

混纺：用枧粉洗4分钟，过清水即可，中温烘干20分钟。

人造毛：一般用硅油1%～2%在常温下洗1～2分钟左右，枧油洗2分钟，过软剂2分钟，

❶ 滚筒干衣机：一般采用蒸汽加热，具有时间设定、温度设定和正反向转动设定，容量25磅的适合样品，50磅适合细针大货，80磅适合粗针大货。
❷ 烘房：根据需要搭建或整体采购，一般占地12-60平方米，内部底层铺设加热管道，有助于改善"起毛、起球"。

低温烘干15～18分钟，冷风5分钟。

棉纱、棉麻：一般用枧粉洗2-3分钟，过软剂3分钟，高温干35-40分钟。

精梳羊毛：用枧油，除臭剂洗3分钟，过软剂2分钟，中温烘干10分钟。

（2）成批洗水烘干时间与温度控制（表7-4）。

表7-4　成批洗水烘干时间与温度控制

毛料种类	每坑每次限洗数量	洗水过软时间	用料	干衣时间	干衣温度	起毛要求	手感要求	备注
羊毛	48件	流水10分钟过软6分钟	枧油软剂	18分钟	中温	不起毛	适中	有肉感、有弹性
羊仔毛	60件	流水40分钟过软3分钟	枧油软剂	16分钟	中温	不起毛	适中	有肉感、柔软
兔毛	48件	流水12分钟过软3分钟	枧油软剂	18分钟	中温	不起毛	特强	起毛、有肉感、柔软
人造毛	48件	流水6分钟过软2分钟	枧油软剂	10分钟	低温	不起毛	适中	有肉感、不要太软
棉麻	48件	流水12分钟过软3分钟	枧油软剂	45分钟	高温	不起毛	适中	有肉感、松化
棉纱	48件	流水10分钟过软3分钟	枧油去污精软剂	45分钟	高温	不起毛	适中	有肉感、松化
100%羊绒	40件	流水6分钟过软3分钟	漂白粉枧油软剂	15分钟	中温	不起毛	特强	有肉感、柔软、松化
100%绢丝	48件	流水6分钟过软3分钟	枧油软剂	22分钟	中温	不起毛	适中	柔软、松化
丝棉	60件	流水6分钟过软2分钟	枧油去污精软剂	30分钟	中温	不起毛	适中	有弹性不起粒

二、熨烫工艺

熨烫是"热处理"在服装生产中的具体运用，即利用蒸汽、温度和压力的调节来改变织物纤维的密度、方向和形态，使服装按照设计的要求进行定型和塑型。

毛织服装整烫使用的设备主要是锅炉式蒸汽熨斗与烫台（图7-12、图7-13）。熨烫时采用按产品样板尺寸和形状制作好的定型烫衣板，将衣服撑起来用蒸汽熨斗进行定型，定型时利用毛织服装的弹性和伸缩性，可以将在尺寸上有较小差距的服装通过定型板使之尺寸达到设计要求。熨烫是服装生产最后的修饰，可消除皱纹、折痕、卷曲、斜歪，恢复织物表面纹理，通过"拉伸、收缩、推移"促成毛衫外观形成优美线条和清晰轮廓。同时熨烫能稳定产品的尺寸，测试织物的收缩率、耐热度和色牢度。

影响毛衣熨烫的因素包括：纺织原料纤维的物理、化学性质；编织组织；洗缩后的尺寸变化、缩水率；毛衣辅料：纽扣、钉珠、绣花、花边等；染色。

图7-12　蒸汽烫台❶

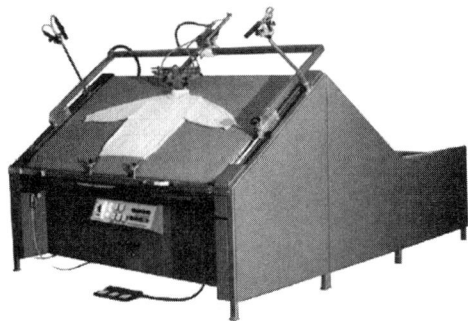

图7-13　自动蒸汽烫台❷

　　在毛衣生产中熨烫包括中程熨烫和最终熨烫。中程熨烫是加工过程中的熨烫，如裁剪前的熨烫，缝合前烫片或下栏，洗前烫片，钉珠、车花、绣花、印花、钉扣前等的熨烫。最终熨烫是对成品外形、尺寸和线条加以最后的整理，步骤是：量度烫前尺寸→套入烫衣板→放蒸汽使织物湿润→熨烫：拉伸、推移、收缩→脱出烫衣板❸→冷却：抽吸约10秒。

思考与练习

1. 解释毛织服装的前片和袖片吓数。
2. 根据一件毛织服装，针对性地写出其成衣全过程的具体方案。

---

❶　蒸汽烫台是由烫台均衡地喷出蒸汽，有真空抽吸装置，适合粗纺羊绒、羊毛、腈纶衫。
❷　自动蒸汽烫台对制作尺寸的稳定性、一致性要求高，定型效果好、熨烫效率高，但设备价格较高。
❸　从烫衣板中脱取衣服应注意防止拉扯变形，脱出后还应放平度量尺寸，如果不合规格，应重新定型整烫。

基础理论——

服装标准在毛织服装中的应用

课题名称：服装标准在毛织服装中的应用

课题内容：服装标准

《服装号型系列》国家标准在毛织服装中的应用

课题时间：1课时

教学目的：了解毛织服装设计的服装标准并学会运用。

教学方式：讲授法、练习法

第八章 服装标准在毛织服装中的应用

第一节 服装标准

服装标准是我国服装工业化发展的重要成果，为我国在服装领域内包括科研、设计、生产、流通、使用和质量监督等方面提供了重要保障依据。

一、我国服装标准化的形成

我国服装工业生产标准化是从1972年开始组织制订服装国家标准，1974年，国家轻工业部与商业部联合组织服装标准工作组，进行了人体体型测量调查和制订服装号型标准的工作。在全国21个省（市）及自治区进行了40万人的体型测量调查，调研出我国人体体型与区域变化的基本规律，结合我国服装生产实际，于1977年制订了我国第一个服装国家标准《服装号型系列》。1981年由国家标准总局发布实施。1995年为了与国际标准（ISO）接轨，国家技术监督局批准成立了服装标准化委员会，为制定和修订服装行业各项标准、促进技术进步、发展成衣化生产发挥作用。现已制定服装国家标准和行业标准36项，涵盖了服装号型、服装制图、纺织品和服装使用说明、服装术语、服装成品出厂检验规则及西装、大衣、衬衫、长裤、连衣裙等规格标准。

二、毛织服装标准

毛织标准有国际标准、国家标准、行业标准和企业标准等四大标准体制。我国毛织服装的国家标准主要有：毛织品标准（FZ/T 73018—2002）、低含毛混纺及仿毛织品标准（FZ/T 73005—2002）、羊绒针织品标准（FZ/T 73009—1997）、针织工艺衫、针织T恤衫、纺织品和服装使用说明等。国际标准有：国际羊毛局标准TWC KI：2000《针织服饰类产品》、国际羊毛局（IWS）推出的"纯新羊毛"标志、"高比例羊毛混纺"标志及相关标准引入了ISO 9000标准认证。行业标准是指全国性的、本行业范围内的统一标准，行业标准不得与国家标准相冲突，即行业标准必须与国家标准相一致，或高于国家标准，不得低于国家标准。企业标准是生产企业为更好地保证产品质量而制定的，企业在制订本企业标准主要体现两方面的工作。一方面是对国家及行业标准的细化和落实；另一方面是推行标准化管理和生产，有助于企业优化管理，确保产品质量，提高生产效益。

毛织企业标准制订应与国家和行业标准相一致，或高于国家和行业标准。企业在制订本企业标准时必须参照国家和行业标准，针对本企业的管理特点制订出可操作性的本企业标准，标准内容包括工艺质量管理制度、质量责任制、质量管理控制、质量指标、质量检查、质量跟单、质量分析等。把质量控制落实到各个部门、车间工艺流程、各道生产工序，规范操作规程，明确质量指标，制定奖惩措施，从而使所有产品都有明确的质量标准和质量要求。纱（线）、针织半成品、成品都必须严格执国家标准、行业标准和企业标准。

第二节 《服装号型系列》国家标准在毛织服装中的应用

《服装号型系列》是我国第一部服装国家标准，由国家技术监督局正式批准发布实施。为研制《服装号型系列》标准，国家轻工业部于1974年组织服装专业技术人员，对我国21省市抽查了40万人体的体型，其对象包括农、工、商、学各年龄层的各类人员。其年龄对象为：1 ~ 7岁的幼儿占10%，8 ~ 12岁的儿童占15%，13 ~ 17岁的少年占15%，成人占60%。调研测量了人体的17个部位，测量数据以人体净体的高度、围度尺寸为准。调研所得的数据由中国科学院数学研究所汇总，从17个部位数据中男子选择12个，即上体长、手臂长、胸围、颈围、总肩宽、后背宽、前胸宽、总体高、身高、下体长、腰围；女子增加腰节高和后腰节高，为14个部位的数据。这些数据经整理、计算，求出各部位的平均值、标准差及相关数据，制定了符合我国体型的服装号型标准。第一部《服装号型系列》标准经过10年的宣传和应用，又增加了新的体型数据，于1991年批准发布了代号为：GB 1335.1—1335.91《服装号型系列》国家标准。

1991年发布的《服装号型系列》使用了七年以后又一次做了修改和调整，新的《服装号型系列》标准中，废除了5.3系列，新增了婴儿号型。

一、服装号型中的体型分类

号是指人体的高度，即身高。型指人体的围度，人体的型在围度上主要有胸围和腰围两个数据，现实中胸围尺寸相同的人不一定腰围相同，所以产生了人体体型的差别。为使"号"能正确反映人体体型，于1991年发布的《服装号型系列》标准中增加了Y、A、B、C四种体型标志。划分人体体型标志的依据是根据人体胸围与腰围的差量计算出来。通过这种差量计算，以上四种体型分别在我国人体体型中所占人数的大体比例为：A和B型约占70%；Y型约占20%；C型约占10%。四种体型的胸围与腰围之间的差数（表8-1、表8-2）。

表8-1 女子体型胸围与腰围之间的差数图表 单位：cm

休型标志代号	Y	A	B	C
胸围与腰围差	24 ~ 19	18 ~ 14	13 ~ 9	8 ~ 4

表8-2 男子体型胸围与腰围之间的差数 单位：cm

休型标志代号	Y	A	B	C
胸围与腰围差	22 ~ 17	16 ~ 12	11 ~ 7	6 ~ 2

Y体型为较瘦体型，A体型为标准体型，B体型为较标准体型，C体型为较丰满体型，从Y到C型人体胸腰差依次减小（表8-3、表8-4）。

表8-3　我国成年男子各体型在总量中的比例（全国平均）　　　　单位：%

体型	Y	A	B	C
占总量比例	21	40	29	8

表8-4　我国成年女子各体型在总量中的比例（各地区）　　　　单位：%

体型分类地区	Y	A	B	C	不属于四种体型分类
华北、东北	15.15	47.61	32.22	4.47	0.55
中西部	17.50	46.79	30.34	4.52	0.85
长江下游	16.23	39.96	33.18	8.78	1.85
长江中游	13.93	46.48	33.89	5.17	0.53
两广、福建	9.27	38.24	40.67	10.86	0.96
云、贵、川	15.75	43.41	33.12	6.66	1.06
全国	14.82	44.13	33.72	6.45	0.88

二、服装号型标志与应用

服装号型已成为毛织服装成品的重要标志，其表示方法为：号/型+体型标志，这是标准书写模式，如女装165/84B标志，说明这件衣服适合身高在1.625~1.675cm之间，胸围在82~86cm之间，腰围在72~75cm之间的女子穿着。这种标识比传统上大中小使用L、M、S代号更加合理，但人们由于习惯于用L、M、S来区分服装的大小，为考虑到消费者的这种习惯，服装成品的号型标识中可应用L、M、S进行过度。

1. 号型设置（表8-5）

表8-5　分档范围图表　　　　单位：cm

性别	身高	胸围	腰围
女子	145~175	68~108	50~102
男子	150~185	72~112	56~108

2. 中间体

依据人体数据测量，按照部位求得平均数，并且参考各部位的平均数确定号型标准的中间体（表8-6）。

表8-6　人体基本部位中间体确定值　　　　单位：cm

性别	部位	Y	A	B	C
女子	身高	160	160	160	160
	胸围	84	84	88	88
	腰围	64	68	78	82
男子	身高	170	170	170	170
	胸围	88	88	92	96

三、服装号型系列与应用

服装号型系以各体型的中间体为中心，向两边依次递增或递减组成。服装规格在应用上应以此为基础，按照服装设计的需要进行适当的松量加放。号型系列是把人体的号和型进行分档排列，为号型系列。号的分档采用5cm（130cm以下儿童分档为10cm），型的分档采用4cm、2cm。由此分出 5·4系列和5·2系列两种。

1. 5·4系列

按身高5cm跳档，胸围或腰围按4cm跳档。

2. 5·2系列

按身高5cm跳档，腰围按2cm跳档。5·2系列一般只适用于下装。

3. 档差

跳档值又称为档差。以中间体为中心，向两边按照档差依次递增或递减，从而形成不同的号和型，号和型进行合理的组合与搭配形成不同的号型。以下是女装常用的号型系列（表8-7～表8-10）。

表8-7　5·4、5·2Y号型系列　　　　单位：cm

腰围／身高 ＼ 胸围	145		150		155		160		165		170		175	
72	50	52	50	52	50	52	50	52						
76	54	56	54	56	54	56	54	56	54	56				
80	58	60	58	60	58	60	58	60	58	60	58	60		
84	62	64	62	64	62	64	62	64	62	64	62	64	62	64
88	66	68	66	68	66	68	66	68	66	68	66	68	66	68
92			70	72	70	72	70	72	70	72	70	72	70	72
96					74	76	74	76	74	76	74	76	74	76

表8-8 5·4、5·2A号型系列　　　　　　　　　　　　单位：cm

胸围 \ 身高	145			150			155			160			165			170			175		
72				54	56	58	54	56	58	54	56	58									
76	58	60	62	58	60	62	58	60	62	58	60	62	58	60	62						
80	62	64	66	62	64	66	62	64	66	62	64	66	62	64	66	62	64	66			
84	66	68	70	66	68	70	66	68	70	66	68	70	66	68	70	66	68	70	66	68	70
88	70	72	74	70	72	74	70	72	74	70	72	74	70	72	74	70	72	74	70	72	74
92				74	76	78	74	76	78	74	76	78	74	76	78	74	76	78	74	76	78
96							78	80	82	78	80	82	78	80	82	78	80	82	78	80	82

表8-9 5·4、5·2B号型系列　　　　　　　　　　　　单位：cm

胸围 \ 身高	145		150		155		160		165		170		175	
68	60	62	56	58	56	58	56	58						
72	64	66	60	62	60	62	60	62	60	62				
76	68	70	64	66	64	66	64	66	64	66				
80	72	74	68	70	68	70	68	70	68	70	68	70		
84	76	78	72	74	72	74	72	74	72	74	72	74	72	74
88	80	82	76	78	76	78	76	78	76	78	76	78	76	78
92			80	82	80	82	80	82	80	82	80	82	80	82
96			84	86	84	86	84	86	84	86	84	86	84	86
100					88	90	88	90	88	90	88	90	88	90
104							92	94	92	94	92	94	92	94

表8-10 5·4、5·2C号型系列　　　　　　　　　　　　单位：cm

胸围 \ 身高	145		150		155		160		165		170		175	
68	60	62	60	62	60	62								
72	64	66	64	66	64	66	64	66						
76	68	70	68	70	68	70	68	70						
80	72	74	72	74	72	74	72	74	72	74				
84	76	78	76	78	76	78	76	78	76	78	76	78		
88		82	80	82	80	82	80	82	80	82	80	82		
92			84	86	84	86	84	86	84	86	84	86	84	86

续表

腰围／身高＼胸围	145		150		155		160		165		170		175	
96			88	90	88	90	88	90	88	90	88	90	88	90
100			92	94	92	94	92	94	92	94	92	94	92	94
104					96	98	96	98	96	98	96	98	96	98
108							100	102	100	102	100	102	100	102

四、服装号型中的控制部位与应用

控制部位的数值是标准的主要内容之一，与号型系列组成一个不可分割的整体，是设计服装规格的依据。在长度方面，控制部位主要有身高、颈椎点高、全臂长、腰节高。在围度方面，控制部位主要有胸围、腰围、颈围、臂围、总肩宽（表8-11）。

表8-11　中国女性（5·4系列A体型）人体参考尺寸　　　　单位：cm

号型＼部位	150/76	155/80	160/84	165/88	170/92
胸围	76	80	84	88	92
腰围	60	64	68	72	76
臀围	82.8	86.4	90	93.6	97.2
颈围	32/35	32.8/36	33.6/37	34.4/38	35.2/39
上臂围	25	27	29	31	33
腕围	15	15.5	16	16.5	17
掌围	19	19.5	20	20.5	21
头围	54	55	56	57	58
肘围	27	28	29	30	31
臂根围	36	37	38	39	40
身高	150	155	160	165	170
脊椎点高	128	132	136	140	144
前长	38	39	40	41	42
背长	36	37	38	39	40
全臂长	47.5	49	50.5	52	53.5
肩至肘	28	28.5	29	29.5	30
腰长	16.8	17.4	18	18.6	19.2
腰至膝	55.2	57	58.8	60.6	62.4
腰围高	92	95	98	101	104

续表

号型 部位	150/76	155/80	160/84	165/88	170/92
股上长	25	26	27	28	29
总肩宽	37.4	38.4	39.4	40.4	41.4
胸宽	31.6	32.8	34	35.2	36.4
背宽	32.6	33.6	35	36.2	37.4
乳间距	17	17.8	18.6	19.4	20.2
袖窿长	41	41	43	45	47

注 颈围32/35中的32指的是净围度，35指的是实际领围尺寸。

服装规格中的衣长、袖长、胸围、领围、总肩宽、裤长、腰围、臀围等尺寸，就是在控制部位的数值上加放合适的放松量来确定的。

思考与练习

给出一组毛织服装尺寸，以号型标准判断适合穿着的人体。

基础理论——

毛织服装企业对相关技术岗位人员的要求

课题名称：毛织服装企业对相关技术岗位人员的要求

课题内容：对设计师的要求

对工艺师的要求

对电脑横机画花师的要求

对电脑横机操作岗位的要求

对毛织跟单员的要求

课题时间：1课时

教学目的：了解毛织服装企业对从业人员的基本要求，确定本专业的学习方向。

教学方式：讲授法、讨论法

第九章 毛织服装企业对相关技术岗位人员的要求

中国是制造业大国，精良制造是国人的梦想，企业的竞争是产品的竞争，但说到底是产品生产者的素质决定了产品的竞争力。我国纺织服装业成为全球性的产业，有着相当庞大的从业人群。在毛织服装企业中，技术、生产、管理等各个方面都对相关的人员提出了相应的技术素质、能力素质和职业道德素质的要求。了解这些要求，对于就业、创业和企业管理都有很大的帮助。现简单介绍毛织服装企业对设计、吓数、画花、值机员、缝盘、洗水、整烫、跟单等岗位人员的要求。

第一节 对设计师的要求

毛织服装虽然是服装的一个种类，但由于毛织服装与机织服装在材料使用、成衣工艺、款式特征等多方面有着很大的区别。然而，目前由于毛织设计、毛织工艺在国内尚未形成独立的专业学科，或没有这方面人才的培养体系，这与国内外毛织服装行业的庞大市场和迅速发展的毛织产业很不相适应，从而也成为制约国内毛织服装业良性发展的瓶颈。希望国内高校能顺应这一发展时势和完善专业体系，培养毛织服装设计与工程方面的专业人才，为国内毛织业的发展做出努力。

时下在毛织行业承担设计任务的大多是两类人。一类是在毛织行业从事多年的吓数师，熟知毛织服装的特点，为顺应毛织行业开发新产品的需要而转入设计方向。然而这类人员没有经过系统的艺术设计学习，只局限于一些常规的款式变化，因而很难走出自己的定式思维的圈子。再加上没有画绘基础，不能将个人的构思又快又好地表现出来，只能通过成衣展现，这样无论是在效率上还是款式开发上都存在着很大的不足。第二类是高校服装设计专业毕业生，他们系统地学习了机织服装专业知识，也有一些学校在服装设计专业的课程中开设过少量的相关毛织服装知识，但内容少而浅，到毛织企业显然难以快速地有作为起来，往往要从头学习几年后才能有所掌握。

毛织企业对设计师的基本要求是较为规范性的，主要体现在以下几个方面。

一、扎实的绘画功底

毛织服装设计与其他的艺术设计类学科一样，总是以绘画表现作为专业学习的前提，因为设计方案首先要通过绘画设计稿表现出来，所以只有拥有扎实的绘画基础才能实现。

二、系统掌握毛织服装综合性的专业知识

毛织服装是一门系统学科，涉及人体工程学、材料学、针织结构学、毛织成衣学、毛织卫生学、设计美学、产品开发学、市场营销学、横编机械学。还应具有较熟练的横机编织技术、电脑横机花型程序技术、电脑横机操作技术、毛织服装吓数技术、毛织服装制板技术、毛织服装缝制技术、毛织服装后整技术等。

三、具有产品开发和市场迅速反应能力

在经济全球化的时代，市场经济使得商业活动无限刺激而奥妙无穷，人们对生活的追求就是在于享受生活的点点滴滴，而构成人们生活中点滴的重要元素就是商品，毛织服装已成为人们生活中的重要商品之一，使得行业内的角逐和竞争日益激烈。各企业为了在市场的洪流中立而不倒，就必须以受大众青睐的商品占领市场。因此，毛织服装设计师必须具有产品开发和市场迅速反应能力，才能为企业开拓并占领市场，才能在自己就业、创业中创造更大的价值。

四、具有健康体魄和能吃苦耐劳的心理素质

纺织服装行业一直是被外界认为工作强度大、时间长的行业，毛织服装是这一行业的一个部分。现实中，各行各业都存在着就业的竞争和压力。现在的年轻人，都是在生活条件较优越的环境中成长起来的，对于吃苦没有太多体会。但多年的学习生活是紧张而有压力的，如果把学习的压力当作求知的快乐，把开拓事业的艰辛当作创造幸福和快乐的追求，那就能够使自己的人生更加具有美的享受。为了能在事业中创造出令自己身心愉悦的成就，就必须有健康的体魄和心智。从现在做起，加强煅炼，强健体魄，走向成功的未来。

第二节　对工艺师的要求

一、工艺师在大中型企业所从事的工作性质

大中型企业的客户一般是外商和国内的大客户为主，他们提供的订单都有详细的资料，工艺师便要对这些订单进行技术上的整理，比如：该款毛织服装的款式，其衫型、领型、袖型，使用的毛料性质及支数，编织的针种、字码、单件的重量手感，各部位尺寸，初板的交板日期等。在这种情况下，工艺师要做的就是按照以上要求做出客人需要的毛衫。然后再通过客户的反馈意见，及时地修改工艺，直到客户认可后方能下单生产。

二、工艺师在小企业所从事的工作性质

小企业的客户种类比较多，多以内销为主。有的客户提供样衣，要求工艺师翻板；有的只是提供一些图片，要求工艺师自己定出合理的尺寸；有的客户要求工艺师自己设计款式

等。工艺师就要根据不同客户的不同要求，制订出样衣的各部位尺寸，写出相应的工艺参数，并跟踪样衣的每道工序，预算出毛衫前后整的工价工时、毛衫的重量，并及时与客户沟通，修改工艺参数直到客户认可后下单。

三、工艺师与制板师及跟板员的关系

工艺师完成一份工艺单后，由跟板员传递给板房师，板师根据板单的实际情况，负责分发到板房织板员的手上，由织板员完成织片的工作。织片完成后，再把衫片交给板师检查，由板师登记和负责衫片的质量和重量。再由跟板员接手，交到缝板员手中，完成缝板的工作。缝板完成后，跟板员交到挑撞员手中完成挑撞工作。然后，跟板员再交到洗水师傅手中进行洗水和烘干。接下来，跟板员再把烘干后的样衣交到烫板员的手中，完成整烫定型的工作。样衣整烫定型后，跟板员要根据吓数工艺单上各部位的尺寸度量样衣，测量出样衣的尺寸误差，做好记录，交给吓数工艺师，由工艺师确认后进行工艺单的修改。

四、企业对工艺师的要求

1. 专业素质

一个优秀的工艺师，必须了解并掌握毛衫的结构原理；了解缝盘工艺；了解毛衫挑撞的针法；了解各种毛料的不同缩水比例；更重要的是必须熟练掌握各种衫型的计算工艺。

2. 职业精神

对工作的态度：能积极面对工作和任务中的各种复杂性，具有较高的职业道德水准，尽量为企业节省人力物力，设法为企业提高生产效益。

3. 团队精神

工艺师的工作主要是计算和写出毛衫的工艺单，许多工作还需要织办、缝办、烫办等各部门配合完成，因此要有较好的团队精神才能生产出优良的产品。

第三节　对电脑横机画花师的要求

企业规模与企业性质不同使得各毛织服装企业都有自己的一套管理制度和措施。特别是使用不同品牌的电脑横机，其对画花师傅也有不同的要求，但其生产管理及技术管理只有一个目的，就是为了追求生产效益最大化。

一、画花与织片的工作程式

（1）电脑横机车间通常由画花大师傅、画花师傅、生产跟单员、领班和值机员组成。画花师傅全权负责电脑画花技术和车间生产管理的指导工作。领导下属人员完成从起板到放码，从毛料进车间到衫片出车间的整个过程，以及车间人员的人事管理和制度管理的工作。

（2）画花师傅负责完成初板画花，复板修改再到生产放码的工作，协助大师傅解决从起板到生产中的所有画花的技术问题，努力提高车间的生产效率。

（3）生产跟单员负责全程跟进每一份订单的数量、颜色、毛料准备情况，机器生产安排、毛料使用及损耗情况，以及织片进度、交货期限等工作。

（4）领班负责本班的生产纪律和生产任务，领导值机员做好机器设备的维护与清洁工作，保持机器满负荷生产，以便能够按质、按量、按时完成上级部门下达的各项生产任务。

（5）值机员负责自己所看的机器能够正常生产、认真检查衫片质量、努力减少次片数量、清洁机台等日常工作。

二、企业对画花大师傅各方面的要求

（1）积极上进的工作态度。俗话说："态度决定一切"，有积极的工作态度，才能够很好地完成自己的本职工作，统领下属人员完成企业的生产任务。

（2）出色的画花技术和丰富的工作经验。效率是企业的生存之本，出色的画花技术可以把衫片的编织时间降到最少，从而可以提高生产效率。另外，车间的生产时刻都在进行着，随时都会出现各种各样的生产质量、机器故障等问题。这些问题一般都是大师傅出面解决或协调解决。

（3）良好的表达能力和沟通能力。大型毛织服装企业通常会由吓数、生产、质检、缝盘、后整等多个部门组成。画花大师傅既要把生产任务下达到生产车间，并领导督促其他人员共同完成，还要同吓数师、缝盘师傅、后整师傅、质检师傅等相关人员进行沟通，以便解决各个环节中的问题，提高整个工厂的生产效率。

（4）良好的团队合作精神。画花大师傅既要和画花师傅、领班、值机员、生产跟单员组成一个毛衫布片的生产团队，还要和工厂所有其他部门组成一个毛衫成衣的生产团队。生产部门和其他部门既有分工，又有合作。所以，还要求画花大师傅要有良好的团队合作精神。

三、电脑横机织板程序与相关要求

（1）织小样：画花师傅按照相关资料的要求，织一片小样交给吓数师求平方和写吓数。

（2）起初办：按照吓数师的吓数和样板的花型要求起初板。

（3）修改复办：按照吓数师的吓数要求修改复办。

（4）复齐码办：按照齐码吓数画花并上机编织复好齐码办。

（5）上机编织大货。

第四节　对电脑横机操作岗位的要求

电脑横机取代了传统的手摇横机，成为毛织行业产品生产的主要工具，电脑横机生产效率高、质量好、花型丰富。在毛织服装生产企业中，操作电脑横机的主要有两个角色：一是电脑横机领班，二是电脑横机值机员，又称看机员或操作工。

一、电脑横机领班的主要工作及要求

（1）负责开货样板的编织，每次有新货要生产，领班要负责做开机板，在确认编织的样板准确无误后，才能开机织大货。

（2）负责调机，每次织新货前，领班必须按生产吓数图纸的要求调节所需要的字码或密度。

（3）跟进大货进度，安排值机员工作要领，按规定的生产进度组织生产。记录一台机每天的出货数量，并上报生产主管。

（4）具有娴熟的电脑横机操作和织板技术，能排除生产中常见的机器故障，保障生产顺利进行。

（5）具一定的管理能力，能合理安排生产任务，并能创造良好的生产环境。

二、电脑值机员的主要工作及要求

（1）服从领班的工作安排，使生产工作顺利进行，一个值机员一般负责管理六到八台机。

（2）排除织机故障，如机器出现停机、断线、撞针、走字码、烂片等问题应及时排除，确保机器正常工作。

（3）检查织片质量，一方面负责为织好的织片按打数分绑，另一方面在按打分绑的过程中检查织片质量，对烂片、花针、漏针等有问题的织片要抽出来，并及时维修机器，对于不能解决的问题应及时上报领班处理。对于每台机的日产量要在日报表中准确填写，并在分绑的织片中签字，以明确织片的责任人。

（4）保养机器，每天至少给机器擦油一次，使机器起到良好的润滑和防止生锈的作用。每天早晚两次用风枪将机台和机器里面及针槽中的灰尘吹干净。

（5）具有横机操作技术和检查织片的能力。

（6）具有生产责任心，对工作认真负责。

第五节 对毛织跟单员的要求

跟单员的是指在企业运作过程中以客户订单为依据，跟踪产品质量、流向的专职人员，是企业内技术、生产部门之间以及企业与客户之间相互联系的中枢。

一、跟单员的工作性质

（1）跟单员主要面向客户或产品订单开展各项工作。

（2）跟单员是企业与市场、业务员与客户之间联系的纽带。

（3）跟单员起作企业接单、跟单、出货的窗口作用。

（4）跟单员在生产过程中对客户负责，必须无条件满足客户和订单的交货期限。

（5）跟单员角色有着多重性，如业务助理、老板助理或客户助理。

二、跟单员的工作内容

（1）协助业务经理做好接待、跟进客户的工作，这项工作包括签收和回复传真、电子邮件，接待来访客户、建立客户档案资料并进行业务跟进。

（2）生产跟单，对所接的客户订单进行生产协调，负责跟进生产进度、货运报关，以确保如期交货。

三、毛织服装企业中跟单员的工作流程

（1）了解毛纱及毛纱市场，包括毛纱的性质、型号、色彩、价格、生产地。

（2）跟踪样板，样板是指客户的样板单。对样板单进行理解，如果是外单还应翻译成中文。在这个过程中要逐项检查样板单中的要求：

①主料毛纱的品种、组织、纱支、颜色及对主料的其他要求，如磨毛、丝光、防静电处理，并在样板单中注明要求，确定后向纱厂下单。

②辅料包括缝毛、拉链、纽扣、人字带、花边、丈巾、主标、洗水标、吊牌、装饰牌及其他装饰材料。

③有不明白的地方与客户沟通，达到对样板单理解的准确无误。

④制作工艺单：对样板单理解准确无误后才能制作工艺单，工艺单内容包括对主料、辅料、洗水方式、用线、缝饰等要求，注明交板日期。

⑤按工艺单上准备好齐全的材料交样板房起头办。

⑥跟单员将板房做好的样衣交洗衣部洗烫，洗衣部应先试洗衣片，试测达到要求才能用着洗样衣。

⑦跟单员在板房将样衣整理好，并确定主料、辅料、装饰、尺寸准确无误后，将样衣寄给客户。

（3）对样衣进行核算和报价：报价内容包括主料、辅料和加工费及洗水、装饰等。如果样板单跟踪完毕后客户同意下单，则需要重新备样给客户确认。

（4）订购生产原辅料：跟单员收到客户订单后，根据订单的数量和材料样品，及时提供大货订毛纱数量、色板给采购员打色板和安排辅料采购。

（5）订单执行：生产部门根据订单制订生产计划，下发生产通知。跟单员对生产通知进行跟踪，了解生产各部门对生产计划及订单的理解和执行情况，及时沟通和调解生产中存在问题，使生产效率最大化。

（6）跟单员一方面继续跟客户保持好联系；另一方面，跟踪订单生产的各道程序，确保客户的要求能在生产中得到及时调整。开货后质量QC负责跟进生产全过程的产品质量，并对各阶段的验货出具报告单，并将质量跟踪信息及时反馈给跟单员。

（7）跟进出货：跟单员提前一个星期向船务提供商检资料，并与客户协商最后入仓期，跟进装箱单、入仓纸、出口证等出货资料，安排时间做到及时出货。将出货时间、数量、入仓时间及时通知相关部门，做好报关和船务工作，在大货出货前一个星期将装船样品寄给客户。

四、跟单员应具备的基本素质

（1）具有一定的专业素质。

（2）具有良好的沟通和协调能力。

（3）具有较好的英语表达能力。

（4）具有吃苦耐劳的精神。

（5）具有较强的攻关能力。

思考与练习

为自己写一份 800 字的职业规划，确定自己的学习方向。

参考文献

［1］丁钟复. 羊毛衫生产工艺［M］. 北京：中国纺织出版社，2012.

［2］郭凤芝. 针织服装设计基础［M］. 北京：化工工业出版社，2008.

［3］贺庆玉. 针织概论［M］. 北京：中国纺织出版社，2012.